图1 睾丸

U0201856

图2 卵巢

绵羊繁殖调控
实用技术指南

马友记　编著

化学工业出版社

·北京·

内 容 简 介

本书以绵羊繁殖调控实用技术为主线，重点介绍绵羊的繁殖现象和规律、绵羊发情与发情鉴定技术、绵羊人工授精和精液保存技术、绵羊繁殖季节调控技术、绵羊频密产羔技术、绵羊多羔技术、绵羊怀孕诊断技术、绵羊产羔调控技术、绵羊胚胎移植及延伸技术、绵羊早繁技术等内容。书中既有绵羊生殖生理的研究，又有实验方法的探索与改造，更有绵羊繁殖控制技术的具体操作方法，是一本理论和应用兼顾的专业性书籍，可供高校、科研院所、羊场等从事羊生产的读者参考。

图书在版编目（CIP）数据

绵羊繁殖调控实用技术指南/马友记编著．—北京：化学工业出版社，2023.9
ISBN 978-7-122-43715-0

Ⅰ.①绵…　Ⅱ.①马…　Ⅲ.①绵羊-良种繁育-指南
Ⅳ.①S826.3-62

中国国家版本馆 CIP 数据核字（2023）第 116716 号

责任编辑：曹家鸿　漆艳萍　　　装帧设计：韩　飞
责任校对：刘　一

出版发行：化学工业出版社（北京市东城区青年湖南街 13 号　邮政编码 100011）
印　　装：大厂聚鑫印刷有限责任公司
880mm×1230mm　1/32　印张 8¾　彩插 1　字数 186 千字
2023 年 9 月北京第 1 版第 1 次印刷

购书咨询：010-64518888　　　　售后服务：010-64518899
网　　址：http://www.cip.com.cn
凡购买本书，如有缺损质量问题，本社销售中心负责调换。

定　　价：49.80 元　　　　　　　　　　版权所有　违者必究

绵羊繁殖调控实用技术指南

前 言

·PREFACE·

　　羊，六畜中的善者、仁者，大自然吉祥的使者。它吃的是牧草和秸秆，献给人类的是"美味"和"美丽"，送给养殖户的是"金子"和"银子"，它既是我国广大农村、牧区的优势产业之一，又是政府振兴乡村产业的重要手段，也是国家封山退耕、种草养畜、建设生态农业的重要举措。因此，应进一步产业化开发养羊业。

　　现代专业化养羊是以密集的技术为先决条件，只有掌握了先进的技术才会使养羊业处于主动地位，才能使母羊配得上、怀得住、下得来、活得好、长得快、肉质好，才能取得较高的投资收益率和经济效益，而绵羊的繁殖调控技术的研究和产品开发是提高绵羊繁殖效率、降低生产成本和饲料、饲草资源占用量的重要途径之一。近年来，从发情、排卵、配种、受精、妊娠、分娩和产羔等繁殖环节，逐渐形成了一套完整的绵羊繁殖控制技术。

　　《绵羊繁殖调控实用技术指南》一书是编著者结合多年的生产实践和科学研究成果，并汲取国内外最新研究成果编著而成。该书以绵羊繁殖调控实用技术为主线，重点介绍了绵羊的繁殖现象与繁殖规律、发情与发情鉴定、精液冷冻及人工授精、季节调控、频密产羔、胚胎移植、怀孕诊断、早繁等技术内容，既有生殖生理的研究，又有实验方法的探索与改造，更有繁殖控制技术具体操作方法，是一本理论和应用兼顾的专业性书籍，对促进绵羊产业向优质、高产、高效方向发展具有重要的参考价值。

　　本书可供高等院校、科研院所从事羊生产学、发育生物学、生殖内分泌学、动物繁殖学等专业的师生、科研人员以及养羊一线的广大技术人员和生产者参考。

　　本书在编写过程中参考了一些文献资料和课题组研究成果，谨表谢意。同时，由于编著者水平有限，本书疏漏之处在所难免，诚请读者和同行专家批评指正。

编著者

绵羊繁殖调控实用技术指南

目 录
· CONTENTS ·

第十章　绵羊早繁技术　　241

第一章

绵羊的繁殖现象和规律

【核心提示】学习绵羊的繁殖调控技术必须了解其生殖生理的基础知识，知道精子、卵子的发生发育过程以及雌雄分化机制，掌握绵羊的繁殖现象与繁殖规律，生产中才能高效地利用各类繁殖调控技术。

第一节　绵羊生殖器官的发生与分化

一、生殖器官分化的基础

　　生殖系统与泌尿系统属于2个功能不同的系统，两者在分化和演变过程中有着密切联系。在胚胎发育早期，泌尿系统处于中肾期阶段，随着原始生殖细胞迁移，此时已形成生殖器官的原始胚基，性腺尚处于未分化状态。

　　泌尿系统发育经前肾、中肾和后肾3个不同时期，三者皆由中胚层产生的许多肾小管组成。前肾无排泄作用，前肾小管发生后不久便退化，而保留前肾管，演化为中肾的排泄管，故称为中肾管，也称为沃尔夫氏管。部分中肾小管相继发生退化，最终由后端产生的后肾所取代。中肾只在一个时期有排泄作用，而后肾为永久肾，具有持续排泄功能。中肾和中肾管在发育过程中的腹侧出现纵向隆起嵴，称为尿殖嵴，其迅速发育成为内外侧嵴，外侧称为中肾嵴，内侧称为生殖嵴。随后，生殖嵴的细胞层数增多，其表层为生殖上皮，内部由生殖上皮增生内陷的上皮细胞团构成。这就形成了生殖腺的原始胚基，此时仍无雄雌之分。继而，在中肾管的外侧形成一条管道，称缪勒氏管。左、右两管的后端融合后通向尿殖窦。由无雌雄之分的原始胚基和两条管道及一个尿殖窦共同构成了生殖器官分化的基础。

胚体腹面的脐带与尾部之间生出的圆锥形突起，称为生殖结节，是生殖器分化的基础。绵羊在受精后 28～35 天出现性别分化。

二、向雄性分化

自 1959 年发现 Y 染色体与雄性性别决定的关系后，生物学家开始在 Y 染色体上寻找睾丸决定因子。1990 年，Sinclair 在 Y 染色体短臂的 1 A1 区找到了性别决定区。证据表明，这一基因可以表达睾丸决定因子，能使原始生殖腺发育成睾丸。当生殖腺发育为睾丸时，生殖腺的内上皮细胞团排列成辐射状的细胞索，即精细管索（也称第一性索）。之后精细管索变为精细管及睾丸网，睾丸纵隔的直精细管与睾丸网联合构成睾丸输出管。中肾管演变为附睾管及输精管，其末端进入尿殖窦的尿道部分生出的一个盲囊，称为精囊腺。进入骨盆部的尿道上皮增殖生成前列腺和尿道腺，上皮突起形成尿道球腺。

阴茎由生殖结节延长增大而形成，其顶端变圆，称为龟头。龟头的皮肤折叠形成包皮，尿道沟闭合形成管状尿道。位于阴茎腹侧的左、右唇囊突（前庭褶）愈合形成阴囊。睾丸在胎儿期逐渐进入阴囊，称为睾丸下降，在妊娠 80 天左右睾丸进入阴囊。

睾丸支持细胞分泌缪勒氏管抑制因子，以使缪勒氏管在分化过程中退化；沃尔夫氏管在雄激素的作用下发育形成附睾、输精管。

三、向雌性分化

目前认为，DAX1 基因与雌性性别的决定有关，该基因位于 X 染色体短臂上的剂量敏性逆转区。当胚胎向雌性分化时，生殖腺则发育成卵巢。卵巢的分化比睾丸晚一些。当其分化时，从靠近生殖嵴表面的上皮部分（即皮质部）开始发育，并形成新的生殖腺索，称为皮质索（发育成第二性索）。皮质索逐渐代替了原有生殖腺索，其中央细胞分布较稀疏的部分为髓质索（第一性索）。在进一步发育与分化后，皮质索形成许多孤立的细胞团，成为原始卵泡。这种卵泡数量相当大，除大部分卵泡发生退化外，少部分卵泡在初情期开始后相继发育成熟。原始生殖腺的间质在卵巢表面上皮下方形成结缔组织白膜，在卵巢内部形成间质。

雌性动物生殖道的分化和雄性动物恰好相反，由缪勒氏管发育为生殖管道，沃尔夫氏管则退化。缪勒氏管前端形成输卵管，其末端融合为一体，形成子宫体、子宫颈及阴道的一部分。在将要出生前，输卵管分化出上皮与伞部。

一部分阴道由缪勒氏管形成，其余部分及尿道则来自尿殖窦。生殖结节发育为阴蒂，尿殖窦演化为阴道前庭，邻近尿殖窦的皮肤褶形成阴唇。

第二节 绵羊生殖器官及生理功能

一、母羊的生殖器官及功能

母羊的生殖器官包括卵巢、输卵管、子宫、阴道及外生殖器等（图 1-1）。除游离存在的卵巢外，其余的器官都为中空结构。它们依次连接在一起，组成一个管道系统。

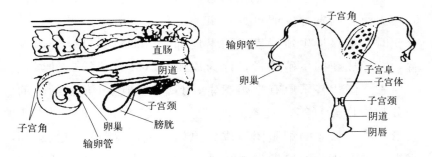

图 1-1 母羊的生殖器官

1. 卵巢

卵巢是母羊最重要的性器官，可产生卵子，还能分泌孕激素和雌激素。雌激素可促进母羊第二性征的发育并使发情时产生生理学和行为学变化。孕激素的主要作用是促进子宫内环境发生变化，为胚胎附植做准备，维持妊娠以及妊娠期乳腺发育。

羊的卵巢呈扁椭圆形，左右各一，通过卵巢系膜附着于腰的下部。据测定，绵羊卵巢的重量平均为 1.35 克，长、宽、高平均值分别为 1.78 厘米、1.22 厘米和 0.99 厘米，右卵巢比左卵巢略小。

2. 输卵管

输卵管为细长弯曲的小管，长为 10～12 厘米，分漏斗部、壶腹部、狭部三部分。输卵管是卵子进入子宫的运行通道，也是卵子受精的地点。一旦卵子从卵泡中排出，即被输卵管捕获。精卵结合发生在壶腹部。输卵管也是精子获能的地方。

3. 子宫

子宫是胚胎附植和发育的场所。羊的子宫属于对分子宫，主要由两个子宫角和一个共有的子宫体及子宫颈组成，未妊娠时羊的子宫长 15～20 厘米。两个子宫角均弯曲如绵羊角状。子宫角的大弯在前，角的尖端分别向后折转到子宫颈外侧附近。两个子宫角基部并行部分的外部背侧有一明显的纵沟，称角间沟。羊的子宫体与子宫角的比例大致为 1∶1。子宫内膜上有大约 4 排圆状凸起，称子宫阜，数目在 60～180 个，子宫阜顶端凹陷。怀孕羊的子宫阜发育为母包仔式的子叶胎盘。羊的子宫颈是由 3～4 个软骨环组成的纤维软骨样结构通道，长 4～7 厘米。一般情况下，子宫颈的阴道开口处于关闭状态。发情和分娩时，在激素的作用下，子宫颈口才会开放。但羊的子宫颈阴道外口处有较大角度的转折。因此，输精时输精器的尖端很难深入子宫颈内部。

4. 阴道和外生殖器

羊的阴道长 9～15 厘米，是有弹性的管状结构。阴道是母羊的交配器官，也是自然交配时精子的储存场所。在发情周期的特定时间内，阴道还能分泌大量黏液，为交配提供方便。在分娩时，阴道容积可以扩张。外生殖器包括尿生殖前

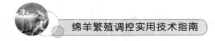

庭、阴唇及阴蒂。

二、公羊的生殖器官及功能

公羊的生殖器官包括睾丸、附睾、输精管、阴茎等（图1-2）。

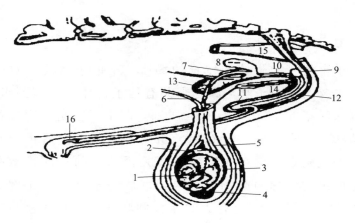

图1-2　公羊生殖器官

1—睾丸；2—附睾头；3—附睾体；4—附睾尾；5—精索；6—输精管；

7—输卵管膨大部；8—精囊腺；9—尿道球腺；10—前列腺；11—阴茎的S弯曲；

12—阴茎锁肌；13—膀胱；14—骨盆；15—直肠；16—阴茎龟头

1. 睾丸

睾丸是公羊的主要性器官（图1-3），主要功能是产生精子和分泌雄性激素。公羊的睾丸分左右两个，呈椭圆形，一般包在阴囊内。阴囊对睾丸具有保护作用，还能调节睾丸温度，使其保持相对稳定（低于体温4℃左右）。睾丸和阴囊大小都可作为公羊生精能力的衡量指标。成年羊睾丸总重100～150克，左边的略大。阴囊大小存在季节性变化，春季最小，秋季最大。若春、秋季阴囊周长差异不超过5厘米，则该公羊的繁殖能力很有可能有问题。精子生成大致要 7 周。因此，在配种季节来临前 50 天开始加强饲养管理，会显著改善公羊配种期的精子生成数量和质量。

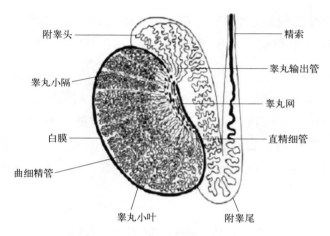

图 1-3　睾丸解剖模式图

2. 附睾

附睾可为精子提供营养，是精子储存、成熟的地方，还起着运输精子的作用。附睾左右各一，分别附着在同侧睾丸的外缘，外观扁平，分头、体、尾三部分。附睾内有许多极其弯曲的附睾管，羊附睾管的长度为 2.5～4.5 厘米。生产实践中，可通过触诊公羊附睾判断精子储存量。若附睾尾大而坚实，表明精子储存充裕。反之，则意味着公羊精子储存不足。若精子储备充足，公羊可密集交配。据报道，公羊在繁殖季节首个配种日的交配记录可达 30～50 次。但应制订合理交配和采精计划，避免过度利用，否则会缩短公羊的繁殖利用年限。

3. 输精管

输精管左右各一，是精子的运输管道。

4. 副性腺

副性腺包括精囊腺、前列腺和尿道球腺，可产生占精液总量 90％的精清，对精子起营养、稀释、缓冲等作用。

5. 阴茎

阴茎主要由海绵体构成，是公羊的交配器官，可将精液输入到母羊生殖道内。公羊阴茎 S 状弯曲的内部海绵体内充血后，造成阴茎勃起，可使阴茎达到 30 厘米。在非勃起状态下，公羊阴茎的龟头缩在阴茎鞘内。

第三节　母羊的生殖生理

一、母羊的性成熟和初配年龄

母羊出生以后，身体各部分不断生长发育，且伴随着一系列的生理变化。通常母羊的初情期是指出生后第一次出现发情和排卵的时期。经过初情期的母羊，生殖系统迅速生长发育，并开始具备完整生殖周期（发情、受精、妊娠、分娩、哺乳），将此时期称为性成熟。母羊一般在 4～6 月龄达到初情期，6～10 月龄达到性成熟。母羊适宜的初配年龄应以体重为依据，即体重达到正常成年体重的 70％以上时可以开始配种。初配适宜时期也可以年龄作为参考。年龄已达到，体重还未达到时，初配年龄应推迟；相反，也可适当提前。

羊的性成熟年龄和初配适龄因遗传、品种、营养、性别、个体、气候、分布区域等的不同而存在一定差异。一般公羊的性成熟时间通常比母羊晚。在我国广大农村牧区，凡是草场和饲养条件良好、绵羊生长发育较好的地区，初次配种一般在10～15月龄；而草场和饲养条件较差的地区，初次配种年龄往往推迟到2.0～3.0岁。个体小的品种，其初情期一般早于个体大的品种。一般南方母羊的初情期早于北方（表1-1）。

表1-1 不同性别、品种羊初情期、性成熟期和适配年龄时间参数

品种	性别	初情期	性成熟期	适配年龄
湖羊	♂	5～6月龄	7～8月龄	10月龄
	♀	4～5月龄	6～7月龄	7～8月龄
滩羊	♂	5～6月龄	7～8月龄	15月龄
	♀	4～5月龄	6～7月龄	12月龄
甘肃高山细毛羊	♀	5～8月龄	6～9月龄	18月龄
杜泊羊	♂	3～4月龄	6～8月龄	12月龄
	♀	3～4月龄	5～6月龄	10～12月龄
特克塞尔羊	♂	4～5月龄	6～8月龄	12月龄
	♀	4～5月龄	6～8月龄	10～12月龄
萨福克羊	♂	4～5月龄	6～8月龄	12月龄
	♀	4～5月龄	6～8月龄	10～12月龄

二、卵细胞的发生

卵细胞的发生是母羊生殖细胞分化和成熟的过程，经过以下3个阶段（图1-4）。

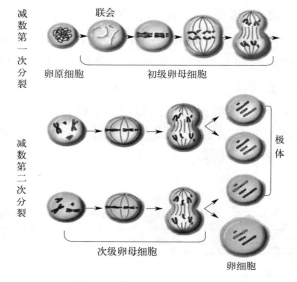

图 1-4 卵子发生过程示意图

1. 卵原细胞的增殖分裂和初级卵母细胞的形成

羊在胚胎期性别分化后，母羊胎儿的原始生殖细胞便分化为卵原细胞。卵原细胞经过有丝分裂，发育成为初级卵母细胞。卵原细胞经最后 1 次分裂形成初级卵母细胞后，初级卵母细胞进入成熟分裂前期，被卵泡细胞包围形成原始卵泡。以后便开始卵泡闭锁，卵母细胞退化。随着年龄的增长，卵母细胞数量减少。

2. 卵母细胞的生长

初级卵母细胞的生长是伴随卵泡的生长而实现的。卵泡细胞为卵母细胞的生长提供营养，卵母细胞的体积增大，透明带开始出现。

3. 卵母细胞的成熟

卵母细胞的成熟需经过 2 次成熟分裂。

（1）第1次成熟分裂 在胎儿期或出生后不久，初级卵母细胞发育到双线期后不久，卵母细胞就进入持续时间很长的静止期（或称核网期）。此时，第1次成熟分裂中断，这一时期要持续到排卵前不久才结束，随之第1次成熟分裂继续进行，称为复始，进入前期的终变期，再进入中期Ⅰ、后期Ⅰ、末期Ⅰ完成第1次成熟分裂。1个初级卵母细胞分裂成为1个次级卵母细胞和1个极体（第1极体）。当第1个初级卵母细胞完成第1次成熟分裂之时就意味着初情期即将来临。

应该指出的是，在排卵时，卵细胞尚未完成整个成熟分裂，只完成第1次成熟分裂，排出的是1个处于中期Ⅱ的次级卵母细胞和第1极体，次级卵母细胞以中期Ⅱ再次进入休止。

（2）第2次成熟分裂 完成第2次成熟分裂的时间很短，处于中期Ⅱ的次级卵母细胞，开始第2次成熟分裂是在精子进入这个卵母细胞后，使其被激活，这个次级卵母细胞分为卵细胞和第2极体，若受精卵母细胞和精子形成合子，第1极体分裂成第3和第4极体。此时，第2次成熟分裂才算完成，所以1个初级卵母细胞最后形成1个卵细胞和3个极体。

三、卵细胞的形态和结构

正常卵细胞为圆球形（图1-5）。卵细胞的结构包括放射冠、透明带、卵细胞膜、卵细胞质和核。

1. 放射冠

位于卵细胞的最外层，放射冠对卵母细胞起提供养分和进行物质交换的作用。

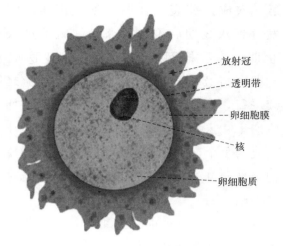

放射冠

透明带

卵细胞膜

核

卵细胞质

图 1-5　卵细胞结构模式图

2. 透明带

透明带为一均质的蛋白质半透明膜，一般认为它是由卵泡细胞和卵母细胞形成的细胞间质。其作用是保护卵细胞。此外，在受精时阻止多精入卵，使受精正常进行。

3. 卵细胞膜

卵细胞膜是卵母细胞的皮质分化物，其作用主要是保护卵母细胞完成正常的生命活动。

4. 卵细胞质

绵羊的卵子因含脂肪小滴少，颜色较浅，呈灰色。卵细胞质内含有线粒体、高尔基体以及不同于体细胞的皮质颗粒等细胞器。

5. 核

核有明显的核膜，核内有一个或多个染色质核仁，其位置一般不在细胞质的中心。

第四节　公羊的生殖生理

一、公羊的性成熟和初配年龄

公羊的初情期是指第一次能够排出成熟精子且表现出完整性行为序列的时期，即性成熟的开始阶段，标志着公羊开始具备生殖能力。性成熟是继初情期后，公羊生殖器官和生殖功能发育趋于完善，达到能够产生具有受精能力的精子，并有完全性行为能力的时期。公羊到达性成熟的年龄与体重的增长速度呈正相关性，体重增长快的个体，其到达性成熟的年龄要比体重增长慢的个体来得早。群体中如若有母羊存在，可促使性成熟提早出现。通常情况下，公羊的性成熟期比初情期晚4～6个月或更晚，通常要求公羊的体重达到成年时的70%左右才开始配种。

二、精子的发生

公羊在生殖年龄中，精曲小管上皮总是在进行着细胞的分裂和演化，产生出一批又一批精子，同时生精细胞源源不断得到补充和更新。精子形成的系统过程称为精子的发生，全过程历经以下3个阶段（图1-6）。

1. 精原细胞的分裂和初级精母细胞的形成

在此阶段中，1个精原细胞经过数次增殖分裂，最终分裂成16个初级精母细胞，也使精原细胞本身得到繁衍。因各次分裂均为有丝分裂，所以精原细胞和初级精母细胞仍然是双倍体，此阶段需15～17天。

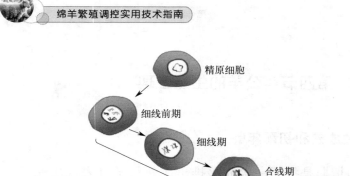

精原细胞

细线前期

细线期

初级精母细胞

合线期

粗线期

次级精母细胞

精细胞

精子

图 1-6　精子发生过程示意图

2. 精母细胞的减数分裂和精子细胞的形成

初级精母细胞形成后，细胞核发生减数分裂的一系列变化，主要是染色体的复制，由原先的双倍体复制成四叠体，然后接连进行两次分裂，第 1 次分裂产生 2 个次级精母细胞，第 2 次分裂，每个次级精母细胞各分裂成 2 个精子细胞，1 个精母细胞最终分裂成 4 个精子细胞，将原先四倍的染色体均等分配到 4 个精子细胞中。因此，精子细胞和由它演化生成的精子都是单倍体，此阶段需 16～19 天。

3. 精子细胞的变形和精子的形成

精子细胞不再分裂而是经过变形成为精子。最初的精子细胞为圆形，以后逐渐变长，精子细胞发生形态上的急剧变化，细胞核变成精子头的主要部分，细胞质的内容物包括核糖核酸、水分大部分消失；中心小体逐渐生长成精子的尾部，高尔基体变成精子的顶体，线粒体聚集在尾的中段周围。精子形成后随即脱离精曲小管上皮，以游离状态进入管腔，此阶段需 10～15 天。精子发生的全过程，绵羊需 50 天左右。

三、精子的形态和结构

哺乳动物的精子在形态结构上有共同的特征，即由头、颈和尾 3 个部分构成（图 1-7）。一般精子长 50～70 微米，但精子长度与动物体大小不成比例。

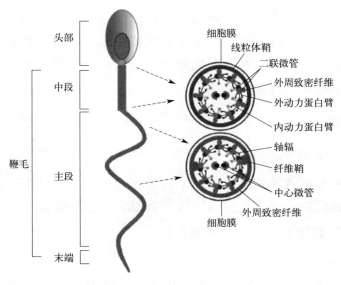

图 1-7　精子的结构图

1. 头部

精子的头呈扁卵圆形，长约 0.5 皮米，由细胞核、顶体和顶体后区等组成。细胞核内含 DNA、RNA、K、Ca、P、酶类等；顶体呈双层薄膜，呈帽状覆盖在核的前部，内含物包括中性蛋白酶、透明质酸酶、穿冠酶、ATP 酶，及各种酸性磷酸酶。顶体易变性和脱落，顶体后区是细胞质特化为环状的一层薄的致密带。

2. 颈部

位于头与尾之间，起连接作用。长约 0.5 皮米，是最脆弱的部分。

3. 尾部

为运动器官和代谢器官，是最长的部分，长 40～50 皮米。尾部因各段结构不同，又分为中段、主段和末段 3 个部分。中段是精子能量代谢的中心，由线粒体鞘和 9 条圆锥形粗纤维构成的纤维带、2 条单微管和 9 条二联微管构成的轴丝组成；主段由纤维带和轴丝组成；末段仅由轴丝组成，决定精子运动的方向。

四、精液

1. 精液

精液由精子和精清组成。精清主要由睾丸、附睾、前列腺、精囊腺、尿道球腺和输精管壶腹的分泌液组成。

2. 精清的化学组成及其作用

（1）精清的化学组成

① 糖类：主要是果糖、山梨醇、肌醇，主要由精囊腺分泌。

② 蛋白质、氨基酸：含 3%～7%，由精囊腺分泌。

③ 酶：大部分来自副性腺，少量由精子渗出。精液中含有多种酶系，精子头部顶体中的透明质酸酶和顶体酶与受精

有密切关系。此外，谷氨酸草酰乙酸转氨酶（GOT）是分解氨基酸的一种酶，主要来自精子，特别是当精子遭到冷冻而膜受到破坏时，此酶即从精子中大量逸出。

④ 脂类：主要是磷脂，来自前列腺。

⑤ 有机酸：柠檬酸、抗坏血酸、乳酸，少量的甲酸、草酸、苹果酸、琥珀酸。主要来自精囊腺，具有维持渗透压平衡的功能。

⑥ 无机盐：阳离子，以 Na^+、K^+ 为主，Ca^{2+}、Mg^{2+} 次之；阴离子，有 Cl^-、PO_4^{3-} 等。主要参与维持渗透压平衡。

⑦ 维生素：核黄素、硫胺素、抗坏血酸、泛酸、烟酸等，与精子代谢及活力有关，可减少异常精子的产生。

（2）精清的生理作用

① 扩大容量，便于在母羊生殖道内运输。

② 调整精液 pH，促进精子的运动。

③ 提供缓冲液和抗氧化剂等保护精子。

④ 为精子提供营养物质。

⑤ 清洗尿道和防止精液逆流。

第五节 绵羊受精

精子进入卵细胞，两者融合成 1 个细胞——合子的过程称为受精，见图 1-8。

一、精子、卵细胞受精前的准备

1. 精子在母羊生殖道的运行

精子在母羊生殖道的运行是指由射精（输精）部位到受

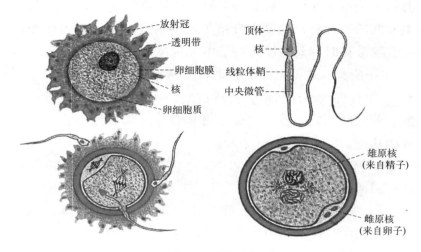

图 1-8　受精过程

精地点的过程。羊属于阴道射精型，交配时将精液射入阴道的子宫颈口附近。因此，精子到达受精部位（输卵管上 1/3 处的壶腹部）须有一个运行的过程。精子运动的动力，除来自其本身的运动外，主要借助于母羊生殖道的收缩和蠕动以及腔内液体的作用。发情时期精子运动速度很快，只需数分钟到数十分钟，即可到达受精部位。

2. 精子获能

进入母羊生殖道的精子，不能立即和卵细胞结合，必须和母羊生殖道分泌物混合，进行某种生理上的准备，经过形态及生理生化发生某些变化之后才能获得能力，这一生理现象称为精子获能。一般情况下，精子在母羊生殖道获能所需时间约 1.5 小时。

精子在雌性动物生殖道内存活时间约 48 小时。掌握精子在母羊生殖道内的存活时间，对于确定输精或配种时间至关重要。卵细胞存活时间为 16～24 小时。在配种实践中，最好在排卵前的适当时机输精，使受精部位有活力旺盛的精子等候卵细胞，这样可以提高动物的受胎率。

二、受精过程

精子和卵细胞相结合的生理过程。正常的受精过程大体分为以下 5 个阶段。

1. 精子溶解放射冠

卵细胞的外周被放射冠细胞所包围。受精前大量精子包围着卵细胞，精子顶体释放一种透明质酸酶，溶解放射冠，使精子接近透明带。此时，卵细胞对精子无选择性。

2. 精子穿过透明带

进入放射冠的精子，其顶体分泌顶体酶，此酶将透明带溶出一条通道，精子借自身运动穿过透明带。这时卵细胞对精子有严格的选择性。当精子穿过透明带，触及卵黄膜时，引起卵细胞发生一种特殊变化。将处于休眠状态的卵细胞"激活"。同时，卵黄发生收缩，释放某种物质，使透明带发生变化，这种变化称为透明带反应，可阻止后来的精子进入透明带内。

3. 精子进入卵黄

穿过透明带的精子在卵黄膜外稍停之后，带着尾部一起进入卵黄内。精子一旦进入卵黄，卵黄膜立即发生变化，拒绝新的精子进入卵黄，称为卵黄封闭作用。这是一种防止 2 个以上精子进入卵细胞的保护机制。

4. 原核形成

进入卵黄内的精子尾部脱落，头部逐渐膨大变圆，变成

雄原核。精子进入卵黄后不久，卵细胞进行第 2 次成熟分裂，排出第 2 极体，形成雌原核。

5. 配子配合

两性原核形成后，相向移动，彼此接触，随即融合在一起，核仁核膜消失，2 组染色体合并成 1 组。从 2 个原核的彼此接触到 2 组染色体的结合过程，称为配子配合。至此，受精即告结束，受精后的卵细胞称为合子。

受精卵沿着输卵管下行，经过卵裂、桑葚胚、囊胚、附植等阶段，形成一个新个体——胚胎，进入妊娠阶段。

第六节　绵羊繁殖季节和利用年限

一、繁殖季节

繁殖季节，又称发情季节或配种季节，而非产羔季节。绵羊多属短日照季节性多次发情家畜，每年秋季随着光照的逐渐变短，羊便进入了繁殖季节。我国广大牧区、山区的羊多为季节性多次发情类型，而某些农区的羊品种（如湖羊、小尾寒羊等）经过长期的舍饲驯化，长年可发情，或存在春、秋两个繁殖季节。粗放条件下饲养的绵羊，其发情季节性明显；饲养条件好的绵羊一年四季均可发情。公羊没有明显的繁殖季节，在营养良好的条件下，常年均可配种，但其性活动和精液品质一般以秋季最好，冬季最差。绵羊的繁殖季节因受品种、气候条件、地区、营养等因素的影响，一般是在夏、秋、冬三个季节母羊有发情表现。母羊发情时卵巢功能活跃，滤泡发育逐渐成熟，并接受公羊交配。平时卵巢处于静止状态，滤泡不发育，也不接受公羊的交配。母羊发情之所以有一定的季节性，是因为在不同的季节中，光照、气温、饲草饲料等条件发生变化，由于这些外界因素的变化，特别是母羊的发情要求由长变短的光照条件，所以发情主要在秋、冬两季。在饲养管理条件良好的情况下，母羊发情季节开始早，而且发情较为集中。公羊在任何季节都能配种，但在气温高的季节，性欲减弱或者完全消失，精液品质下降、精子数目减少、活力降低、畸形精子增多。在气候温暖、海拔较低、牧草饲料良好的地区，饲养的品种一般一年四季都发情，配种时间不受限制。

二、繁殖利用年限

繁殖利用年限是公、母羊用于繁殖的有效时间。羊的繁殖能力有一定的年限，当繁殖能力严重下降或丧失后，便无饲养价值，理应及时淘汰。羊的繁殖利用年限与营养水平、饲养管理条件、品种、利用强度等密切相关。母羊的繁殖利用年限一般为6～8年，5～6岁是母羊排卵达到高峰的年龄。但对于某些特别优秀的个体或育种价值较高的种羊，若加强饲养管理，利用年限可达8～10年。然而，要保证适龄母羊的数量占总数量的半数以上，使得羊群生产力稳定维持在较高水平。

第二章

绵羊发情与发情鉴定技术

【核心提示】发情调控是工厂化高效养羊生产的关键技术，成功地人为调控母羊的发情周期，就能实现母羊繁殖的计划性和依市场组织生产，从而达到母羊的高效繁殖与养羊生产的高效益有机结合的目标。

❋❋ 第一节　绵羊发情与发情周期 ❋❋

　　发情是母羊在性成熟以后，所表现出的一种具有周期性变化规律的生理现象。绵羊在发情期内，若未经配种，或虽经配种但未受孕时，经过一定时期会再次出现发情现象，由上次发情开始到下次发情开始的间隔时间，称为发情周期。发情周期分为发情前期、发情期、发情后期和间情期4个阶段，也可分为卵泡期和黄体期。绵羊的发情周期为16～20天，平均为17天，当然也受品种、个体和饲养管理条件等因素的影响。发情持续期一般2～3天，其主要特征为母羊表现发情行为，出现促黄体生成素排卵峰，从卵泡期向黄体期过渡时发生排卵。若没有怀孕，则子宫产生大量前列腺素F2α，引起黄体溶解，孕酮水平降低，新的卵泡重新开始发育。黄体期一般会持续 14～15 天。在繁殖季节的后半期，由于周期的黄体期增长，因此发情周期长度出现明显变化。

一、发情周期及发情期的表现

发情前期，上一个发情周期所产生的黄体逐渐萎缩，新的卵细胞开始快速生长。子宫腺体略有增加，生殖道轻微充血肿胀。阴门逐渐充血肿大，排尿次数增加而量少。母羊兴奋不安，喜欢接近公羊，但无性欲表现，不接受公羊爬跨。

发情期母羊性欲进入高潮，外阴充血肿胀，随着时间的推移，充血肿胀程度逐渐加强，并有黏液流出，发情盛期时达最高峰。子宫角和子宫体呈充血状态，肌层收缩加强，腺体分泌活动增加。子宫颈管道松弛，卵巢的卵泡发育很快。母羊接受公羊的追逐和爬跨。

发情期过后进入发情后期，母羊由发情的性欲激动状态逐渐转为安静状态。子宫颈口逐渐收缩，腺体分泌活动渐减，黏液分泌量少而黏稠。卵泡破裂，排卵后开始形成黄体。

间情期指发情后期之后到下次发情前期之间的时期。此时母羊的性欲已完全停止，卵巢上黄体逐渐形成，并分泌孕激素。其间，卵巢上虽有卵泡发育，但均发生闭锁。

母羊发情时的外部表现主要有食欲减退，精神不安、鸣叫，主动接近公羊或爬跨其他母羊，阴门充血、肿胀、有少量黏液流出。发情达到盛期时，母羊静立接受公羊爬跨和交配。

绵羊的排卵一般发生在发情开始后 24～27 小时，但也有的前后相差数小时。交配可使排卵稍提前，而发情期稍有缩短。右侧卵巢排卵功能较强，排单卵时右侧卵巢的排卵比例为 62％；排双卵时，左右两侧的排卵比例分别为 44％～47％和 53％～55％。排卵数目有品种的差异，有的一次排 1 个卵子，也有的品种排 2 个或 2 个以上卵子。排双卵时，两卵排卵时间平均相隔约 2 小时。配种季节前抓好体膘，可提高绵羊的排卵率。也可使用孕马血清促性腺激素（PMSG）、促卵泡激素（FSH）、前列腺素 F2α（PGF2α）和双羔素等激素以增加羊的排卵数，从而提高双羔率。

二、发情周期的生理及内分泌特点

随着激素测定技术的快速发展，人们对绵羊发情周期中的内分泌变化特性进行了广泛的研究。

1. 黄体期

排卵之后破裂的卵泡转变为黄体。绵羊的黄体生长非常迅速，持续时间为周期的第 2～12 天，这种增长主要是通过细胞增生而发生。细胞增生速度很快，但增生的细胞大多数不是甾体激素生成细胞，而是上皮细胞。绵羊的黄体细胞分化为两种形态和生化特点完全不同的大小黄体细胞。小黄体细胞呈纺锤形，直径 12～22 微米，大黄体细胞为椭圆形，直径为 22～50 微米。

绵羊的黄体在周期的第 6～8 天时分泌功能达到最大，在第 15 天之前一直以比较恒定的水平分泌孕酮。周期中孕酮浓度的变化与黄体的生长发育完全一致，第 8 天时孕酮浓度达到高峰，发情前 1～2 天开始下降。季节、营养、品种、排卵率等对孕酮浓度均有比较明显的影响，卵巢上有 2 个黄体时孕酮浓度只有轻微的升高，因此不可能通过测定孕酮浓度准确判定绵羊的排卵数。

绵羊在周期的第 10～15 天孕酮浓度有一定程度的下降，其实早在周期的第 12～13 天黄体就有一定的退化。这些结果与对发情周期中黄体形态变化的观察结果是一致的。黄体的分泌活动是通过垂体产生的促黄体生成素得到维持的。促黄体生成素（LH）和催乳素（PRL）对绵羊黄体功能的维持发挥重要作用，在发情周期早期注射外源性孕酮可使黄体期缩短，因此此时用孕酮处理可能会干扰正常黄体建立及维持的激素作用。

在黄体期中期用大剂量的雌二醇处理绵羊可以引起黄体提早退化。外源性雌二醇如果以适当剂量给药，在接近周期结束时处理可以引起黄体退化，发情开始之前 48 小时内源性雌二醇开始分泌。如果用 X 射线破坏卵泡，可以阻止雌激素的分泌，阻止黄体退化。

2. 卵泡期

绵羊卵泡期的主要特点是卵泡生长发育，孕酮浓度降低，黄体退化。绵羊在周期的第 15 天孕酮浓度就开始降低，这种降低与周期黄体期结束时黄体的功能活动突然终止有关。

前列腺素 F2α 在绵羊具有溶黄体作用，它在溶黄体早期的波动性分泌依赖于卵巢催产素与其在子宫内膜受体的结合。前列腺素 F2α 在周期的第 12 天或第 13 天首先以小的波动开始分泌，然后分泌的频率增加，第 14 天时达到高峰。绵羊的黄体含有高低两种亲和力的前列腺素 F2α 受体，激活高亲和力的受体可选择性地释放催产素而对孕酮的分泌没有任何影响，而激活低亲和力的受体则可增加黄体催产素的分泌，降低黄体孕酮的分泌。前列腺素 F2α 最初是通过对孕酮浓度的升高（周期第 7～10 天）发挥作用，其后的释放则与

孕酮的降低和雌二醇浓度的升高有关。

黄体期结束时子宫催产素受体水平升高，这对决定黄体是否退化极为重要。雌二醇和孕酮能够对催产素受体浓度和子宫前列腺素 F2α 对催产素的反应发挥调节作用。在正常的发情周期中，当孕酮发挥抑制作用之后，雌二醇通过促进子宫对催产素发生反应，增加前列腺素的分泌而发挥溶黄体作用。黄体催产素和子宫前列腺素 F2α 之间可能存在正反馈通路，两者之间可以互相促进其分泌。

绵羊繁殖季节的第一个黄体大多提早退化。如果将摘除卵巢的绵羊用孕酮进行处理，可以改变其后甾体激素对催产素受体浓度的控制，因此孕酮降低可能是黄体提早退化的原因。

3. 细胞凋亡和黄体溶解

虽然对周期结束时黄体溶解的精确机制还不是很清楚，但血浆孕酮水平迅速降低，在新黄体形成之前一直维持在很低的水平，这种低浓度的孕酮可能来自肾上腺。绵羊黄体的退化是以一定的形态变化顺序为特征的，在此过程中黄体细胞可出现许多凋亡特征，在黄体中可以见到极富凋亡特征的细胞，说明凋亡可能是黄体溶解的重要机制之一。

第二节　绵羊卵泡生成及排卵

绵羊的卵巢有两个重要功能，即产生可以受精的卵母细胞和产生维持生殖道正常功能的激素。

卵泡是一个平衡的生理功能单位。胎儿期或出生后早期形成的原始卵泡库中的原始卵泡，可在一生中不断生长发育，直至该库耗竭。从该库中卵泡开始生长后可一直到排卵或者发生闭锁。

在绵羊，所有 2 毫米以上的卵泡都是从原始卵泡库得到补充发育而成。一旦卵泡得到选择，其补充过程就会停止。但各种绵羊卵泡的补充过程有很大差别，例如布鲁拉绵羊卵泡的补充过程时间比较长，而罗曼诺夫绵羊则在周期的 13～15 天有大量卵泡得到补充。

在卵泡的生长发育过程中，卵泡液中的各种成分均发挥重要作用，例如调节粒细胞的功能，调节卵泡的生长和甾体激素的生成，调节卵母细胞的成熟、排卵，调节黄体的形成。

一、卵泡生成

胎儿在发育过程中生成了一个由初级卵泡组成的静止卵泡库，第一个卵泡大约是在怀孕 70 天时形成，该卵泡库在生成后不能再更新，卵泡发育后只有极少的卵泡排卵，大多数则发生闭锁。羔羊出生时卵巢上的卵泡数量为 10 万～20 万个，成年绵羊任何时期卵巢上的有腔卵泡大约为 50 个。绵羊卵泡从静止状态发育到成熟大约需要 6 个月，从开始形成有腔卵泡到成熟需要 35～40 天。

绵羊每天每次有 2～3 个卵泡离开静止卵泡库开始发育。绵羊的卵巢含有几百个生长卵泡，其中表面可见卵泡就有 10～40 个，每个发情周期平均 40 余个可见卵泡处于不同的发育阶段，左右卵巢的卵泡数量没有明显差别。有研究表明，随着排卵的临近，卵巢中凋亡细胞的数量逐渐增加，说明凋亡可能是绵羊决定排卵的关键因素。

在胎儿期时，生殖干细胞的数量在怀孕 75 天时达到约

90 万个的最高峰，怀孕第 90 天时降低到 17 万～20 万个，第 135 天时降至 8 万个。出生之后一直到初情期之前，卵母细胞和卵泡的数量继续减少，只有 3 万～5 万个可以生存和排卵。

二、卵泡发育的动力学特点

卵泡的发育是以卵泡波的形式出现的。无论处于何种生理阶段（初情期前、乏情期或者黄体期），具有对促黄体生成素敏感的卵泡的绵羊的比例很高（＞80%），说明在其卵巢上卵泡生长波连续出现。

1. 卵泡生长波

绵羊的卵泡在发情周期中以 3 个卵泡波的形式生长，发现 80% 的绵羊在 17 天的发情周期中表现有 3 个卵泡波，最后一个卵泡波导致排卵。在周期的第 2 天和第 11 天有大量卵泡离开卵泡库开始生长。

2. 优势卵泡的出现

卵泡的大小并非反应卵泡健康状况的最好指标，因此在评价绵羊卵泡生长的动态变化时必须要考虑其内分泌活性。决定卵泡健康状态的关键因素是其分泌雌二醇的能力，因此只用超声波探测卵泡的大小并不能揭示卵泡优势化的特点。有研究表明，促卵泡激素的波动和卵泡波在绵羊都以 4～5 天的间隔出现。

卵泡的成熟包括卵泡生长和细胞核及胞质成熟两个阶段。原始卵泡得到选择后，其卵母细胞和卵泡细胞开始生长，一直到形成卵泡腔。

多胎和非多胎绵羊卵泡均以波的生长形式生长，而且每个周期中卵泡波的数量及促卵泡激素峰值的数量也没有差别。

3. 乏情期的卵泡活动

在乏情期中期绵羊仍有卵泡持续发育，达到直径与正常周期时相似的水平。绵羊在乏情时仍存在卵泡波。排卵前卵泡在排卵过程中主要发生三个方面的变化，即卵母细胞的成熟、卵丘细胞之间的联系松散和卵泡壁外层变薄，最后破裂。在出现促性腺激素排卵峰后，供应各类卵泡的血液增加，但以将要排卵的卵泡接受的血液量最多。

排卵是一个极为复杂的生理过程，受许多因素的调节。由于促性腺激素排卵峰的出现，导致雌激素、孕激素和前列腺素 $F2\alpha$ 的分泌增加，同时由于卵巢基质和卵泡壁的肌肉的收缩等过程，最后导致卵泡破裂而排卵。

4. 绵羊卵泡发育调节的分子机制

绵羊卵泡的生长开始于胎儿期后期，而且在幼年期、怀孕期、泌乳期和发情周期都一直持续而没有停顿。原始卵泡生长到早期有腔卵泡阶段时，粒细胞的数量增加 8 倍左右，卵母细胞的直径增加 3～4 倍。卵泡发育依赖于局部产生的生长因子或其受体，例如干细胞因子和转化生长因子家族成员等，这些生长因子及其受体以及促性腺激素受体在卵泡生长的早期是以阶段和细胞特异性方式表达的。

三、卵泡发育过程

绵羊的卵泡发育经历原始卵泡、初级卵泡、次级卵泡、三级卵泡或囊状卵泡和成熟卵泡五个时期（图 2-1），其中初级、次级和三级卵泡统称为生长卵泡。卵泡发育是个十分复杂的过程，既受到下丘脑—垂体—性腺轴系的神经内分泌调

控，同时又受到卵巢内各种因子的调节。

成年绵羊卵巢上含有12000～86000个原始卵泡，100～400个生长卵泡，其中在卵巢表面可见的有10～40个。正常健康的三级卵泡发育到直径超过2毫米即称为原始补充卵泡，生长发育到直径达2～5毫米则称为周期补充卵泡。这些三级卵泡直径超过5毫米之后有一个选择过程，即优势化，经选择后，一般产生1个，少数情况下有2个，很少会有多个（3～4个）优势化排卵卵泡。大量研究表明，绵羊的卵泡补充发生在黄体溶解前后。

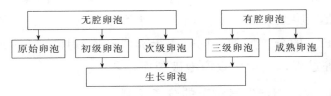

图2-1 绵羊卵泡发育及其特征

1. 原始卵泡库的建立

胚胎期卵黄囊内胚层迁移到生殖嵴的原始生殖细胞，一旦在发育中的原始卵巢中固定下来，就开始发生形态学变化，分化为卵原细胞。卵原细胞通过有丝分裂在卵巢中大量增殖，达到一定数量，然后停止分裂，进入第一次减数分裂前期，形成初级卵母细胞。从卵原细胞增殖期首次进入第一次减数分裂前期的时间，绵羊为胚龄50～100天。初级卵母细胞通过第一次减数分裂前期的细线期、偶线期、粗线期，然后在双线期停止，此时卵母细胞的核较大，称为生发泡。卵母细胞周围包有一层扁平的前颗粒细胞（即卵泡细胞），形成原始卵泡，并由它们形成未生长或静止的原始卵泡库。绵羊的原始卵泡库中约有几百万个原始卵泡。

2. 卵泡的补充

在卵泡形成后，部分原始卵泡以一种不明机制不断离开原始卵泡库，开始缓慢生长，此即所谓的原始卵泡启动补充。原始卵泡离开原始卵泡库开始生长时，包围卵母细胞的前颗粒细胞分化为单层立方状颗粒细胞，形成初级卵泡。从出生后直至性成熟前，卵泡生长发育极其缓慢，初级卵母细胞在体积上没有太大变化，因而这一时期的卵母细胞又称为未生长初级卵母细胞。

到达性成熟期，卵泡受卵巢内各种因子的调节，开始迅速生长发育。当内分泌环境（主要是指促性腺激素分泌情况）发生变化时，能够对这种变化发生应答而启动补充（有腔）卵泡开始加快生长，继续分裂增殖，出现卵泡腔隙，以后腔隙越来越大，并融合为一个完整的大卵泡腔。随着卵泡的生长，透明带和卵泡膜也相应增厚。

周期补充需要启动信号的参与才能发生。现已证明，这种启动信号是血浆中的促卵泡激素浓度的升高。绵羊有腔卵泡发育从 2 毫米开始具有促性腺激素依赖性。在发情周期中，卵泡补充前都有短暂的促卵泡激素浓度上升的过程。补充卵泡的典型特征是有多种类固醇激素生成酶、促性腺激素的受体和局部调节因子等的 mRNA 表达。促卵泡激素峰是卵泡波出现的先决条件。表达促卵泡激素受体多的卵泡，较易在低浓度促卵泡激素条件下发生作用，促卵泡激素受体少的卵泡则正好相反。因此，参与启动补充的卵泡由于促卵泡激素受体表达的不同而导致两种截然不同的命运，即参与周期补充或闭锁。

3. 发情周期中的卵泡发育

随着超声波技术和腹腔镜技术的应用，人们发现了许多绵羊卵泡波发育的基本特点。研究表明，发情周期中每天卵巢上卵泡的数量是有波动的，每天大、中、小卵泡的数量都有变化，而且表现出在数天内卵泡从一个大小等级向另一个大小等级的渐进性变化，因此呈现出生长波。进一步的研究表明，绵羊也会出现促卵泡激素浓度的过渡性增加，因此能刺激卵泡波的出现。

绵羊在发情周期中卵泡是以卵泡波的形式发育的，卵泡的发育也是一个连续的过程。若发情周期中出现 2 个卵泡波的绵羊，卵泡从一个大小等级发育到另一个大小等级是有序的，但在 3 个卵泡波的绵羊，由于卵泡的数量及增长的速度增加，这种秩序不明显，因此在卵泡波的数量和频率增加的情况下有时可能监测不到清晰的卵泡波。

4. 乏情期卵泡的生长发育

乏情期绵羊的卵巢是不活跃的，但存在有未形成腔体的卵泡。对单个大卵泡生长的暂时性变化进行的研究表明，确实是由不同大小等级的卵泡的波动组成了卵泡波。乏情期卵泡的发育除与促卵泡激素浓度的波动有关外，卵泡的生长也呈现出有规律的范型。

5. 卵泡的优势化

一般认为在卵泡期排卵卵泡对其他卵泡有优势化现象，这主要反映在卵泡数量的减少和不排卵卵泡的出现上。在黄体期，最大的卵泡可能延迟或阻止其他卵泡的发育。研究表明，排单卵的绵羊，每一个卵泡波中某个卵泡常常明显大于次大卵泡，每个卵泡波中常常是某个卵泡雌二醇浓度及雌二醇与孕酮的比例比同波中其他卵泡高，而且除了卵泡大小及卵泡液中雌激素浓度有等级差别外，同一卵泡群中卵泡的闭锁程度也存在明显差别。在前一个卵泡波的最大卵泡停止生长或者在前一个卵泡波的最大卵泡的静止期结束时，才能出现新的卵泡波发育。因此，在一个卵泡波卵泡的消失和下一个卵泡波卵泡的出现之间可能有一定的联系，说明卵泡在发育过程中也存在优势化现象。对于处于乏情期的绵羊，即使存在前次卵泡波的具有甾体激素生成活性的卵泡，也可出现新的卵泡波，因此卵泡波的出现可能与许多因素有关，这些因素包括繁殖周期的不同阶段、绵羊的品种和季节等。

6. 排卵率

绵羊的排卵率主要受遗传的控制，研究证明，绵羊的高排卵率常常与小卵泡排卵、卵泡的闭锁减少、每个卵泡的粒细胞数较少及雌二醇的产生较少有关。促性腺激素对卵泡的生长是极为重要的，卵泡生长直径超过 2.5 毫米时必须要有促卵泡激素的作用，但促卵泡激素浓度的增加也有利于排卵。在大多数情况下，排卵卵泡从最后一次卵泡波的卵泡库中选择而生长，但超声检查结果表明，排卵卵泡也可从倒数第 2 个卵泡波中选择，因此排卵卵泡到底是从最后一个还是从倒数第 2 个卵泡波选择仍不清楚。

7. 卵泡发育的调控及其对生育力的影响

多年来人们一直试图用外源性激素处理绵羊以调控卵泡发育及提高生育力，目前多用孕马血清促性腺激素刺激卵泡的发育，促进小卵泡的补充，提高排卵率，增加同期发情处理之后发情的同步化程度，超排处理也采用促性腺激素处理。孕酮等其他孕激素也被广泛用于绵羊非繁殖季节的诱导发情和繁殖季节的同期发情，处理之后可引起绵羊血液循环中孕酮浓度同时降低，但从撤出孕酮栓到排卵的时间则因撤栓时卵泡的发育阶段而有很大差别。对阴道内孕酮海绵释放装置处理14天和每间隔4天或5天用新海绵处理的绵羊其卵泡生长模式进行的研究表明，在用海绵一次处理的绵羊，从第2天到第13天血清乙酸甲羟孕酮浓度降低了63%，说明阴道内海绵装置处理时随着时间的延长孕酮浓度降低。在用海绵孕酮处理的第13天，单次海绵处理的绵羊其促黄体生成素波动的频率明显比多次处理的高，说明用孕酮长时间处理时并不能很有效地负反馈性抑制促黄体生成素的分泌。在出现这种促黄体生成素波动频率增加的同时，可出现持续9~12天的大卵泡排卵，而对照的排卵卵泡的持续时间只有3~8天。卵泡以卵泡波的形式发育，每个发情周期一般有2~4个卵泡波，每个卵泡波之前都会出现促卵泡激素的过渡性升高，一个卵泡波中卵泡的大小及卵泡液中雌二醇的浓度具有一定的等级层次。每个卵泡波中是否有优势卵泡发育，目前的研究结果还有争议。

8. 卵泡的选择和优势化

参与补充过程的卵泡并非都能发育排卵，大多数卵泡会发生闭锁退化，只有少数能发育成为优势卵泡。排卵卵泡波在黄体溶解后的12~24小时内进行选择。被选择的卵泡即确立优势化地位，它们继续发育，体积逐渐变大，激素分泌能力增强，从而抑制从属卵泡的生长及下一卵泡波的出现。在每个卵泡波开始后不久，促卵泡激素都下降，促卵泡激素受体缺乏的卵泡因缺乏足够的促性腺激素支持而趋于闭锁，而此时促黄体生成素浓度有所升高，故能够表达较多促黄体生成素受体的卵泡仍可获得促黄体生成素的支持而继续发育。完成了选择的卵泡经过优势化已经基本达到了最大直径，并维持这种状态一段时间，等待排卵。在此期间，优势卵泡是主要的性激素来源。这些性激素通过自分泌方式促进卵泡自身生长，通过旁分泌方式抑制从属卵泡的发育。优势卵泡主要通过直接途径和间接途径抑制从属卵泡发育。直接途径即优势卵泡能够分泌某种蛋白到血液中，直接抑制从属卵泡生长，促使其闭锁。间接途径可能主要为通过优势卵泡分泌许多调节因子，如雌二醇和抑制素等，经过负反馈途径使促卵泡激素水平降低到不能支持从属卵泡生长的程度。

9. 卵泡的成熟和排卵

绵羊卵泡发育过程中，并非所有优势化后的卵泡都能够成熟排卵。因此，优势卵泡又分为排卵优势卵泡与非排卵优势卵泡。决定优势卵泡是否成熟排卵的主要因素是卵泡波与黄体溶解的同步性，只有在与黄体溶解同步的卵泡波中的优势卵泡才有可能排卵，否则闭锁。当黄体存在时，虽然促黄体生成素振幅较高，但高孕酮浓度导致促黄体生成素频率较低。促黄体生成素只有同时具备高振幅和高频率，其浓度才能升高到促进卵泡成熟和排卵的水平。因此，黄体存在时，优势卵泡无法成熟排卵。只有在黄体溶解后，雌二醇浓度升高，孕酮浓度降低，引起促黄体生成素分泌频率升高，才会引起卵泡成熟排卵。控制排卵率的生理机制不仅包括垂体—性腺轴的内分泌信号变化和交换，同时与卵巢内卵母细胞和卵泡细胞间激素等信号的双向交流有关。多数品种的绵羊在自然状况下一般在每次发情中排1个卵子，为单胎；排卵率随着年龄的增长有所提高，在3～6岁时达到高峰，以后逐步

下降。高水平营养可提高排卵率，这是在实践中常用的增加排卵率的方法。

四、卵泡发育波的调节

1. 卵泡发育的动力学特点

绵羊的卵泡从静止状态发育至排卵前的状态一般需要 6 个月，在此过程中，每天有 2～3 个卵泡离开静止卵泡群开始生长。绵羊的卵泡生成一般可分为基础阶段和紧张阶段。在基础阶段，卵泡发育至直径达 2 毫米，此阶段完全不依赖促性腺激素。在紧张阶段，卵泡从 2 毫米发育至排卵前大小，而且依赖于促性腺激素。补充卵泡的直径大于 2 毫米，而且选择过程也是在此类卵泡中进行的，所有被选择的卵泡的直径均大于 4 毫米。因此，某个卵泡要被补充及选择，它就必须进入依赖于促性腺激素的发育阶段。直径均大于 4 毫米的卵泡其粒细胞具有促黄体生成素受体，可以对促卵泡激素的刺激发生最大反应，使雌二醇的产生增加。因此，卵泡的补充和选择机制更为复杂。

2. 卵泡发育的内分泌学调节

（1）促性腺激素的作用　促黄体生成素和促卵泡激素共同在卵巢发挥作用，决定了卵巢排卵前卵泡发育的数量和发情结束时将要发生排卵的卵泡。母羊的促黄体生成素排卵峰由一组神经元控制，而雌雄两性基础分泌则由另外一组神经元控制。促黄体生成素的基础分泌在黄体期也能维持，而排卵前峰值则受孕酮的抑制，但能在发情时对雌激素发生反应而分泌。孕酮对促黄体生成素分泌的抑制作用在很大程度上是受下丘脑正中基部的阿片肽神经元调控的。发情周期结束时孕酮浓度降低，促黄体生成素的基础分泌增加，在开始出现促黄体生成素排卵峰值时至少比基础浓度增加 5 倍，这种增加主要反映在促黄体生成素波动的频率增加，因此使得促黄体生成素的分泌增加，但与促黄体生成素排卵峰值的释放又不完全相同。促黄体生成素基础值的增加约经过 48 小时，之后由于排卵前卵泡分泌雌二醇，使其浓度约增加 5 倍。雌二醇浓度的迅速增加导致促黄体生成素大量分泌，出现促黄体生成素排卵峰。

（2）雌二醇与促性腺激素释放激素峰值　无论处于哪个季节，如果雌二醇能增加到卵泡期后期的水平，则可以在中枢神经系统的促性腺激素释放激素神经元发挥作用，促使促性腺激素释放激素的突发性分泌增加，这种增加与促黄体生成素排卵峰值同时出现，因此也将其称为促性腺激素释放激素峰值。促黄体生成素排卵峰出现于发情期的早期，促使将要排卵的卵泡发生变化，其中最为重要的变化包括卵母细胞核和胞质的成熟以及卵泡破裂。这些变化使得卵泡从主要分泌雌激素转变为主要分泌孕酮，并且使得卵母细胞能够发生有利于受精和早期胚胎发育的变化。

（3）促黄体生成素峰值和排卵　排卵发生于促黄体生成素峰值后 24 小时，这个时间基本接近于发情结束；发情早期注射人绒毛膜促性腺激素时排卵发生的时间也基本与此相同，而体外成熟卵母细胞核成熟的时间也基本与此相当。

（4）促黄体生成素基础水平的调控　在发情周期中，促黄体生成素的浓度每天都会发生明显的变化，在促黄体生成素峰值后的头几天促黄体生成素的浓度较高，黄体期中期浓度降低，在周期的最后 1～2 天又开始逐渐升高。

（5）雌激素的作用　雌二醇可能通过两个方面对促黄体

生成素的浓度发挥调节作用，其一是在周期后期（卵泡期）单独作用，抑制促黄体生成素的基础分泌；其二是在黄体期与孕酮发挥协同作用，控制促黄体生成素的分泌。雌二醇的这两种作用再加上孕酮对促黄体生成素分泌的抑制作用控制了整个发情周期中促黄体生成素的分泌。

（6）发情周期中促卵泡激素的变化　一般认为促卵泡激素的合成和分泌受促性腺激素释放激素的刺激，受卵巢产生的雌激素和抑制素的抑制。发情周期中促卵泡激素和促黄体生成素的分泌可能受两种机制的调控，一种可能是经过下丘脑释放激素发挥作用，使得促黄体生成素的分泌发生突然性的改变，但对促卵泡激素的分泌影响不大；另外可能通过卵巢雌激素和抑制素发挥作用，使得促黄体生成素和促卵泡激素发生逐渐性变化。

（7）抑制素的作用　在发情周期的大部分时间，大卵泡都能产生抑制素，黄体只产生少量或者不产生抑制素；卵泡期促卵泡激素的下降可能与抑制素的关系不大，而更有可能是雌二醇调节的结果，雌二醇可能是绵羊发情周期阶段促卵泡激素分泌的主要反馈调节激素。

第三节　基于孕激素的绵羊发情调控技术

绵羊的发情调控技术因所处的繁殖状态不同所采用的处理方法亦不同，一是延长黄体期，可采用孕激素长期处理法，这样外源性孕激素可持续发挥对促黄体生成素分泌的抑制作用，停药之后，卵泡开始生长，绵羊表现发情；二是通过溶黄体药物引起黄体提前退化，使用的药物主要有雌激素和前列腺素两类，前列腺素具有溶黄体作用。一次注射前列腺素 F2α 后黄体通常在 24～72 小时内退化，2～3 天后出现发情及排卵，孕激素同期发情机制见图 2-2。

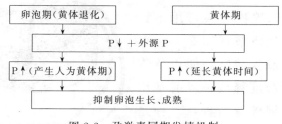

图 2-2　孕激素同期发情机制

一、孕激素的种类及使用方法

常用孕激素的制剂有醋酸甲羟孕酮、醋酸氟孕酮、诺孕美特等，主要用药方法包括口服、埋植或阴道内海绵栓给药等。

1. 口服

美国研究人员曾在 20 世纪 60 年代采用高效能的孕激素醋酸甲羟孕酮，通过每天口服的方法进行同期发情处理；澳大利亚研究人员则每天给每只绵羊用 40 毫克或 80 毫克醋酸甲羟孕酮进行同期发情处理，连续处理 16 天，处理后绵羊的发情率为 89%。挪威研究人员每天用 50 毫克醋酸甲羟孕酮处理绵羊，连续 10 天，89% 的绵羊发情集中在 6 天的时间内，其中 74% 的绵羊配种后怀孕。虽然上述结果与采用阴道内给药方法获得的结果相近，但采用口服给药时由于时间、劳动力等原因，在生产实际中并非完全可行。

2. 埋植

早期多采用硅胶孕酮埋植装置，但这种给药方法需要很高的技巧和经验，因此远不如阴道内给药方便。后来对埋植物进行了改进，使其适合于耳部皮下埋植，但在工作中发现仍然没有阴道内给药方便。

3. 阴道海绵栓

阴道海绵栓一般可用于繁殖及非繁殖季节（图2-3）。可在海绵中浸入孕酮，使得孕酮以较低的浓度释放。目前常用的阴道海绵栓有两种，一种是基于醋酸氟孕酮，另一种基于醋酸甲羟孕酮。阴道海绵栓通

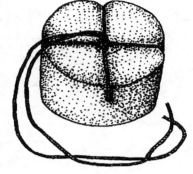

图2-3 海绵栓

常植入 10～14 天，同时可结合肌内注射孕马血清促性腺激素，往往在撤栓后 24～48 小时表现发情。

4. 孕激素剂量水平及使用方法

在采用阴道内海绵给药时，除考虑药物的种类（如醋酸氟孕酮，醋酸甲羟孕酮等）以外，还有两个重要因素必须考虑，即药物的剂量和海绵内药物的植入方法。因为采用孕激素处理时必须要在母羊的血液循环中维持一定的药物浓度才能模拟黄体的作用，因此上述问题也是极为关键的。

（1）醋酸氟孕酮的剂量　研究表明，醋酸氟孕酮的最佳剂量一般为 20～40 毫克。研究表明，发情周期的绵羊用 30 毫克和 45 毫克醋酸氟孕酮处理之后产羔率没有明显差别。

（2）醋酸甲羟孕酮海绵　研究表明，醋酸甲羟孕酮的用量一般为 40～60 毫克，生产实际中多采用 60 毫克的剂量，撤出药物时注射 500 国际单位孕马血清促性腺激素，绵羊表现发情良好。

（3）孕酮海绵 阴道海绵栓中孕酮的剂量一般为 500～1000 毫克，在非繁殖季节的后期用 500 毫克孕酮可诱导绵羊发情。

（4）孕激素不添加孕马血清促性腺激素处理 研究表明，繁殖季节中如果单用孕激素进行处理，就可获得较高的配种率和受胎率。但在用药时一定要注意，这种处理方法一定要等到所有绵羊都自发性表现发情时才能使用，因此用药的时间在品种之间可能不同，也可能受其他因素的影响。

（5）注意事项 阴道内海绵的放置部位会影响海绵的丢失率，而正常情况下海绵的丢失不应该超过 0.5%。阴道内药物释放装置应该放置在紧靠子宫颈口的部位，应在其表面涂抹抗生素。撤出时，有时海绵上会释放出一些液体，这可能来自阴道分泌物，但对母羊的健康没有影响，也不影响生育力。每次用药时，术者应洗净和消毒手臂，海绵上不要使用润滑剂，否则会更容易丢失。

二、阴道海绵栓处理技术

1. 阴道海绵栓的效果

采用阴道海绵栓时，依品种、处理方法、管理及配种方法、发情反应及生育力而差别很大。对 1000 只湖羊阴道内海绵处理后定时输精的效果进行比较，成年羊在诱导发情后 12 小时用腹腔镜进行冻精输精，怀孕率为 62.9%；若在除去海绵后 60 小时进行定时输精，怀孕率为 59.1%，两者之间没有明显差别。对注射孕马血清促性腺激素的时间与定时子宫颈输精时间的关系进行研究发现，在乏情季节的绵羊，对除去海绵前 48 小时注射孕马血清促性腺激素的绵羊在后 36 小时及 48 小时输精，或者除去海绵时注射孕马血清促性腺激素，48 小时或 60 小时后输精，产羔率为 40％～60％，与观察到发情时输精 50％的产羔率相比差异不大，该试验中最佳输精时间与注射孕马血清促性腺激素和撒出海绵的时间有关。

2. 促性腺激素共处理

促性腺激素常常与阴道内海绵药物释放装置一同用于无卵泡发育的绵羊的同期发情处理和诱导排卵，最常用的激素为孕马血清促性腺激素。但孕马血清促性腺激素的一个主要限制因素是作用时间较长，因此使用后会反复刺激卵泡发育，可产生大量的不排卵卵泡，特别在用孕马血清促性腺激素进行超排处理时这种现象时有发生，因此许多研究对孕马血清促性腺激素的使用剂量、处理时间等进行了大量的研究，就 3 个剂量的孕马血清促性腺激素（300 国际单位、450国际单位和 600 国际单位）与醋酸氟孕酮（40 毫克，14 天）在乏情季节合用的情况来看，两者合并使用时 450～600 国际单位的孕马血清促性腺激素是最佳的处理剂量。

3. 共处理提高排卵反应及提高发情同期率

短期内调节营养可以增加海绵栓处理后绵羊的排卵率，在 14 天的醋酸氟孕酮（40 毫克）处理中如果从第 8 天起补饲可使排卵率比未补饲者增加 64％，但在繁殖季节会延迟排卵开始的时间，而在非繁殖季节则没有明显影响。有人使用醋酸甲羟孕酮同期发情技术（60 毫克，14 天，撤栓时注射500 国际单位孕马血清促性腺激素）时试图通过埋植褪黑素来提高效果，发现褪黑素共处理可以提高处理后第二次发情时输精后的产羔率和总产羔率，也能使胎产羔数增加。

4. 发情周期阶段及卵巢结构对处理效果的影响

对有发情周期循环的萨福克羊用醋酸甲羟孕酮海绵栓处

理 12 天，植入海绵栓的时间确定为周期的第 0 天（排卵当天）、6 天和 12 天，用超声波和血样分析监测卵巢的活动，在植入海绵栓前用间隔 9 天和 12 天三次注射氯前列烯醇（100 微升）的方法使发情同期化，发现在周期的第 6 天和 12 天植入海绵栓可使排卵间隔时间分别从 16.4 天延长到 22.8 天和 28.4 天，卵泡波数分别从 3 个增加到 4 个和 5 个。由此表明植入海绵的时间对同期发情后的输精效果具有明显影响。

三、体内药物控释装置

目前使用的体内药物控释装置（Controlled Internal Drug Release）主要有 CIDRS 和 CIDR-G 两类（图 2-4），CIDR-G 的使用更多，其孕酮含量一般为 9％～12％（330 毫克）。研究表明，摘除卵巢的母羊在植入体内药物控释装置后 2 小时血浆孕酮浓度达到峰值，之后迅速下降。后来对装置进行了改进，发现可使孕酮浓度下降的时间延长。

图 2-4 体内药物控释装置

1. 体内药物控释装置的优点

当时使用体内药物控释装置主要是考虑到所用的是天然甾体激素，而不是合成的孕激素（如醋酸氟孕酮，醋酸甲羟孕酮等），因此容易被管理部门批准。此外，体内药物控释装置也没有像阴道内海绵装置那样吸附分泌物，因此更容易被人们接受。对罗姆尼羊采用体内药物控释装置和阴道内海绵装置进行同期发情处理的结果进行比较表明，体内药物控

释装置处理之后发情开始较早，处理后头 10 天羊配种较少，这可能是由于体内药物控释装置的丢失率（6.3％）较高所致，而阴道内海绵的丢失率只有 0.8％。

2. 体内药物控释装置的效果

人们对体内药物控释装置的使用效果进行了大量评价性研究，体内药物控释装置与传统的醋酸氟孕酮海绵的效果比较表明，两者处理后，虽然生育力没有明显差别，但体内药物控释装置处理后输精的时间可提前 10 小时左右，冻精子宫颈输精怀孕率为 39％，腹腔镜输精后的怀孕率为 52％～64％，但是用体内药物控释装置处理后多羔率明显提高。同样用体内药物控释装置海绵和 30 毫克醋酸氟孕酮海绵处理 14 天，处理结束时注射孕马血清促性腺激素（750 国际单位），结果表明体内药物控释装置处理后的受胎率和多羔数分别为 71％和 1.6，而醋酸氟孕酮处理后分别为 85％和 1.5。

第四节 基于前列腺素 F2α 及其类似物的绵羊发情调控技术

一、黄体的自然退化或诱导退化

对正常及前列腺素 F2α 诱导黄体退化的形态及功能的研究证明，前列腺素 F2α 处理可以对黄体细胞甾体激素的生成发挥快速而明显的影响，而发情周期中黄体的正常溶解则要相对缓慢，这种特点可能与绵羊用前列腺素 F2α 处理后的乏情反应及生育力有关，例如用前列腺素 F2α 诱导发情之后配种，其受胎率差别很大（前列腺素法同期发情机制见图 2-5）。

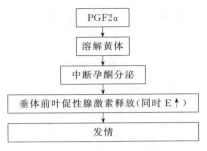

图 2-5　前列腺素法同期发情机制

二、基于前列腺素 F2α 的同期发情系统

基于前列腺素 F2α 的同期发情系统主要通过引起黄体溶解终止黄体功能而控制发情周期长度，这种方法只有在表现发情周期的绵羊才有效果，因此在绵羊主要限于发情季节使用。目前常用的制剂有两种，即前列腺素 F2α 和前列腺素类似物氯前列烯醇，因为并非发情周期的任何阶段均能对前列腺素 F2α 处理发生同样的反应，因此多间隔 10 天重复注射一次。

三、处理方法及前列腺素 F2α 的剂量

一次肌内注射 10～15 毫克前列腺素 F2α 就能引起黄体溶解，有效调控表现发情周期绵羊的发情，100～125 微克氯前列烯醇也有类似的效果。黄体只在周期的第 4～14 天对前列腺素 F2α 有反应，因此为了确保所有处理羊只都处于能够反应的适宜阶段，通常采用的方法是在发情周期中间隔 9～14 天两次用前列腺素 F2α 处理。前列腺素 F2α 只能在已经表现发情周期的绵羊发挥作用，因此母羊用这种方法处理后可在繁殖季节早期进行配种。

四、前列腺素 F2α 剂量及间隔时间

根据研究结果，两次前列腺素 F2α 处理的间隔时间对处

理后的生育力有明显影响。用 125 微克氯前列烯醇间隔 12 天处理 2 次，绵羊的生育力明显比间隔 14～15 天的低，如果间隔时间为 8 天，与间隔 14 天相比生育力则更低。因此，建议两次前列腺素 F2α 处理的间隔时间不应短于 13～14 天，否则人工授精后绵羊的受胎率可能会很低。但如果采用 14 天的间隔时间进行处理，并非所有的处理羊在第二次的处理后会出现发情反应。

五、前列腺素 F2α 及其类似物处理后的生育力

前列腺素 F2α 及其类似物处理诱导同期发情之后，绵羊的生育力有很大差别，但这种处理对排卵率没有明显影响。比较发现，前列腺素 F2α 处理后的发情反应及生育力在自然配种及人工授精时都比较低。而且采用较长间隔时间（14天）与短间隔时间（9 天）相比，效果没有任何明显差别。

六、孕激素-前列腺素 F2α 合用处理

同期发情处理时，如果不用前列腺素 F2α 进行两次处理，则可以用短效孕激素处理，然后再用前列腺素 F2α 处理。采用较多的方法是用孕激素阴道药物释放装置处理 7～9 天，撤出药物的同时用 15 毫克前列腺素 F2α 进行处理。

第五节　促性腺激素在绵羊发情中的应用

醋酸氟孕酮或醋酸甲羟孕酮等孕激素单独处理，就足以完全控制繁殖季节中表现发情周期的母羊的发情。这种绵羊

在孕激素处理后撤出药物，其垂体可能释放大量促性腺激素，足以启动引起发情排卵的内分泌变化。但是对乏情季节的绵羊采用孕激素处理时，必须要有足够的促性腺激素才能引起排卵前的激素变化，因此可以采用补充外源性促性腺激素，其中最常用的是孕马血清促性腺激素。

一、孕马血清促性腺激素的剂量

研究表明，发情周期的绵羊在用孕激素处理之后，即使没有外源性促性腺激素的情况下也会很快出现发情，但如果用小剂量孕马血清促性腺激素（375 国际单位）处理，则可使发情/排卵更加同步化，因此对定时人工授精具有重要意义。

在某些品种，孕马血清促性腺激素还具有使排卵前反应更加温和的特点，因此可提高双羔率。一般来说，孕马血清促性腺激素的剂量为 375～750 国际单位，如果用量超过这个范围，则在用孕激素-孕马血清促性腺激素处理之后可以降低绵羊的受胎率。如果使用的剂量过高，由于孕马血清促性腺激素对卵巢的过度刺激而使其每次排 5～6 个卵子，受精后则会导致胚胎死亡而产单羔。如果将孕马血清促性腺激素的剂量从 500 国际单位增加到 1000 国际单位，绵羊用孕激素处理后胎产羔数则从 1.90 个降低到 1.52 个。

虽然在撤出阴道孕激素海绵栓前几天注射孕马血清促性腺激素，对表现发情周期的绵羊可以增加超排反应，但对乏情母羊则没有这种效果，在撤出孕激素前几天注射 500 国际单位孕马血清促性腺激素反而会抑制发情和排卵反应。如果将孕马血清促性腺激素肌内注射，引起的超排反应为皮下注射的 2 倍。

孕马血清促性腺激素的来源对排卵反应及产羔率有显著

影响，尤其是绵羊采用人工授精配种时这种影响更加明显。

二、孕激素-孕马血清促性腺激素处理后发情的开始

影响孕激素处理结束后发情开始间隔时间的因素很多，一般来说从处理结束到发情的间隔时间为 36 小时，有些为 24 小时，有些为 48 小时。撤出孕酮后用孕马血清促性腺激素处理可以缩短间隔时间。研究表明，上午或者下午撤出孕酮，对发情开始的时间也有明显影响，表现发情周期的绵羊其昼夜交配的时间也有明显差别。对乏情绵羊，撤出孕酮的时间对促黄体生成素峰出现的时间有明显影响。虽然撤出孕激素的时间差（17：30～05：30）只有 12 小时，但交配的时间差则不超过 2 小时，说明神经中枢的发情反应可能有昼夜差别。因此在绵羊采用定时输精时，必须考虑各种影响孕激素-孕马血清促性腺激素处理与开始发情的间隔时间的因素。

【典型实例】

见表 2-1。

表 2-1　绵羊同期发情试验结果

序号	处理	处理羊只数	第一情期发情率/%	第二情期返情率/%
1	体内药物控释装置＋孕马血清促性腺激素＋促排 3 号	200	99.00(198/200)	3.00(6/200)
2	体内药物控释装置＋前列腺素 F2α	76	72.40(55/76)	13.16(10/76)
3	海绵栓＋孕马血清促性腺激素	60	80.00(48/60)	8.33(5/60)
4	海绵栓＋前列腺素 F2α	40	40.00(24/60)	27.5(11/40)
5	前列腺素 F2α＋前列腺素 F2α	106	33.02(35/106)	—

注：参考马友记研究结果。

第六节　绵羊发情鉴定与发情控制

一、发情鉴定方法

进行发情鉴定的目的是及时发现发情母羊，正确掌握配种或人工授精时间，以防止误配漏配，从而提高受胎率。绵羊的发情期短，发情的外部表现不明显，不易被发现，又无法进行直肠检查，因此绵羊发情鉴定主要采用试情，并结合外部观察的方法。

1. 外部观察

外部观察是鉴定各种母畜发情的最常用的方法，主要是观察母畜的外部表现和精神状态以判断其发情情况。绵羊的发情持续期短，外部表现不明显，主要表现为喜欢接近公羊，并强烈摆动尾部，当被公羊爬跨时则站立不动，但发情母羊很少爬跨其他母羊。母羊发情时，只分泌少量黏液，或无黏液分泌，外阴部没有明显的肿胀或充血现象。发情母羊最好从开始发情时便定期观察，以便了解其变化过程。

2. 阴道检查

用开膣器撑开阴道观察黏膜、分泌物和子宫颈口的变化来判断发情与否。发情母羊阴道黏膜充血，色红，表面光亮湿润，有透明液体流出；子宫颈口松弛开张，有黏液流出。进行阴道检查时，应先将母羊保定好，将外阴部清洗干净，再将开膣器清洗消毒、烘干后涂上灭菌的润滑剂或用生理盐水浸湿。开膣器插入阴道时应闭合前端，慢慢插入，然后轻轻张开开膣器，通过反光镜或手电筒光线检查阴道变化。检

查完毕后，稍微合拢开腔器即抽出。

3. 试情

采用试情公羊对母羊进行试情，根据母羊对公羊的性欲反应情况来判定其发情程度。母绵羊一般不会爬跨其他绵羊，且发情期短，发情表现在无公羊存在时不明显，不易被发现。因此，在群牧条件下绵羊发情鉴定以试情为主。通常是按一定比例（1：30）在母羊群中放入试情公羊，每日一次或早、晚各一次。试情公羊进入羊群后，发情初期的母羊注意并喜欢接近试情公羊（头胎羊可能不敢接近），但不接受公羊爬跨。当母羊进入发情盛期，则表现出静立并接受公羊爬跨的行为，公羊用蹄轻踢及爬跨时母羊静立不动或回顾公羊。此时可根据母羊接受公羊引逗及爬跨的行为判断发情。在较大的母羊群中，也可在试情公羊的腹部戴上标记装置（发情鉴定器），或在前胸涂上颜料，公羊爬跨时将颜料印在母羊臀部，据此即可辨别出发情母羊。

二、最佳配种时间

初配适龄在 10～15 月龄。到 3～5 岁时，绵羊繁殖力最强。母绵羊的最佳利用年限为 5 年。

地方品种羊一般有较为固定的繁殖季节，但培育品种的繁殖常无严格的季节性。北方地区羊的繁殖时期一般在 7 月至翌年 1 月，而以 9～11 月为发情旺季。绵羊冬羔以 7～9 月配种，春羔以 10～12 月配种为宜。进入繁殖季节期，羊群中引入公羊后，能刺激母羊卵泡发育和排卵。大群放牧的绵羊应采用人工授精，但发达国家公羊品质好、数量多，母羊群体整齐，为了节省劳动力，多采用公母羊比例为 1：30 的自然交配方式。

绵羊排卵通常发生于接近发情结束时，或发情开始后
24～27 小时。因此，绵羊应在开始发情后 30 小时左右配种
为宜。在生产实践中，如在清晨发现发情，可在上午和傍
晚各配一次，第二天上午追配一次；早、晚配一次，再加
上追配，可提高受胎率，并增加胎儿数量。交配可使排卵
提前，发情期缩短。绵羊多次交配较单次交配的受胎率高。
绵羊的情期受胎率可达 85%，在繁殖季节的开始和结束时，
受胎率下降。

三、发情控制

1. 诱导发情

诱导发情是指对因生理和病理原因不能正常发情的性成
熟母羊，借助外源激素和管理措施来引起其正常发情和排卵
的技术，以缩短雌性动物的繁殖周期，使之比在自然情况下
提前配种，增加胎次，提高繁殖力，繁殖更多的后代。

母羊的乏情状态可分为 2 种情况：①生理性乏情，如季
节性繁殖母羊在非繁殖季节无发情周期，产后在哺乳期间的
乏情，母羊达到初情期年龄后仍未发情等；②病理性乏情，
如持久黄体、卵巢静止或萎缩等。

在实践中，促卵泡激素和孕马血清促性腺激素被作为直
接促进卵泡发育的首选激素；人绒毛膜促性腺激素、促黄体
生成素、促性腺激素释放激素则多辅助性地应用于促进卵泡
的成熟和排卵，其中促性腺激素释放激素也可用来间接促进
卵泡的发育。雌二醇可诱导母羊出现明显的发情表现（如性
欲、性兴奋及阴道黏液等）。卵巢通常缺乏卵泡发育排卵的
重要生理基础，必须等到下一次发情才能配种。孕激素对垂

体促性腺激素的分泌活动具有负反馈调节作用，抑制发情和排卵。当连续多日接受孕激素处理的乏情动物突然撤除孕激素的抑制作用时，其可出现发情和排卵活动。

2. 同期发情

同期发情是指利用某些激素制剂人为地调控并调整一群母羊发情周期的进程，使之在预定的时间内集中发情的技术，在生产中，诱导一批母羊在一周内或数天内同时发情，也可称之为同期发情。该技术不仅有利于绵羊的批量生产和科学化饲养管理，而且配种、妊娠、分娩和羔羊护理等生产过程也可以相继同期化，以节省人力和时间，降低管理成本，利于防疫措施的开展。具体操作参考本章第三节。

3. 排卵控制

排卵控制包括控制排卵时间和控制排卵数。排卵时间的控制有别于同期发情和诱导发情。虽然在后两种情况下控制了发情，在理论上会自然排卵，但是在同期发情或诱导发情雌性动物的发情排卵有较大的变化范围，不能精确预测。控制排卵时间是指在发情即将到来或已经到来时，给予促性腺激素或促性腺激素释放激素处理，以准确控制排卵的时间，即利用外源激素来替代体内激素促进卵泡成熟和/或排卵。外源的促性腺激素或促性腺激素释放激素能与体内的激素同时发挥作用，也可能在体内激素分泌高峰之前发挥作用，从而促使卵泡成熟，提早破裂，排出卵子，以实现排卵时间的控制。通过外源激素可调控群体母羊卵泡同步发育，在排卵时间上可使群体母羊在预定的某个时间节点同时排卵，称为同步排卵。相对于同期发情而言，同步排卵一般是针对周期发情正常的雌性动物，强调被处理的群体在预定某个时间节点同时排卵。同步排卵调控程序应用于人工授精，也可被称为定时输精程序，在生产实践中可省去发情鉴定。

第七节　"公羊效应"及其在发情和排卵调控中的应用

母羊可通过与公羊的接触而引起乏情母羊发情，反应程度取决于季节性乏情的深度。这种反应是通过引起促性腺激素释放激素波动频率的增加而使促黄体生成素增加所引起，第一次排卵通常为安静排卵，形成的黄体也提早退化，第二次可在5天后出现正常的发情排卵。

一、"公羊效应"的基本理论

目前的研究证明，"公羊效应"的本质来自于公羊同时产生的外源激素和求偶过程中产生的行为刺激。母羊通过嗅觉、视觉、听觉和触觉感知这些刺激，而且一般来说是这些感觉系统发挥协同作用，此外也可能与母羊同公羊身体接触时的应激有关。

公羊产生的嗅觉和视觉刺激能引起母羊发情及排卵，公羊可能主要通过母羊的嗅觉受体刺激乏情母羊出现发情活动。"公羊效应"可能主要是通过外激素发挥，这些外激素存在于公羊的毛中。

虽然一般认为，"公羊效应"是通过外源激素介导的，而其他系统发挥的作用则极少，但也有人注意到行为刺激可能也发挥一定作用。有人对除嗅觉外的其他感觉系统的作用进行了研究，发现用手术方法破坏嗅球后，这些母羊仍能对公羊发生反应而出现类似的促黄体生成素分泌，说明非嗅觉刺激也在"公羊效应"中发挥重要作用，也能与外激素一样启动同样的生理反应。

二、"公羊效应"在诱导发情和排卵上的应用

同期发情方案中采用"公羊效应"的一个主要限制因素是第一次发情时受胎率降低及以后的周期同步化程度差。研究表明，绵羊用氯前列烯醇或阴道内海绵栓处理之后持续接触公羊能缩短从引入公羊到发情的间隔时间。用醋酸美仑孕酮或者甲基炔诺酮处理之后，"公羊效应"在诱导排卵上与PG-600一样有效，而且在无卵泡发育的母羊效果更好。因此如果在没有促性腺激素的情况下，利用公羊效应是一种廉价、有效的诱导乏情母羊发情和排卵的方法。

三、公羊的管理

影响"公羊效应"调控母羊繁殖调控效率的因素很多，其中最为重要的因素是公羊的健康状况。公羊的繁殖效率直接取决于精液的产量、储存和质量以及公羊本身的性欲和交配能力。公羊的睾丸较大，具有较强的产生精子的能力，其体内保存的精液相当于95次的射精量。

在生产实际中，用孕激素-孕马血清促性腺激素对母羊进行同期发情处理时，应在处理结束时放入公羊，在同群的最初几天，母羊应该限制在较小的活动范围之内，公母比例为1：10，母羊每群不应超过50只。

母羊用激素处理而发情时，交配可能发生在发情开始12

小时之后，这时母羊的生殖道发生的变化更有利于精子的转运。孕激素处理可以显著影响子宫颈黏液的流动。发情早期由于子宫颈中黏液较多，交配之后可能会稀释精液，因而使得子宫颈中难以有足够数量的精子。子宫颈是绵羊的精子库之一，因此影响精子在该部位停留及存活的因素也可能影响绵羊的生育力。

发情后期的交配有时也存在问题，自然发情后期精子在雌性生殖道内的转运效率降低，这可能是母羊为了阻止老化的卵母细胞受精的一种保护机制。

四、母羊与公羊的比例

在调控绵羊发情排卵的几种方法中，阴道内海绵栓给药（醋酸氟孕酮或醋酸甲羟孕酮）或者体内药物控释装置是最为简单的方法，牧民在经过简单培训之后可以自行操作。如果采用诺孕美特耳部埋植的方法则没有这些优点。其他药物，例如前列腺素 F2α 及其类似物，由于生育力的变异较大，因此可能没有孕激素类药物处理效果好。研究证明，采用孕激素处理后母羊繁殖率降低，可能是受精失败导致，这种受精失败主要是由于精子在母羊生殖道，尤其是在子宫颈的转运和存活受到影响所致。因此，如果采用高剂量的精子输精可以克服受精失败的问题，如果延迟 48 小时公母合群，或者采用人工配种的方法，有时也可成为应激因素而降低同期发情母羊的受胎率。

第三章
绵羊人工授精和精液保存技术

【核心提示】掌握羊的繁殖特性和规律，了解影响繁殖率的各种因素，正确实施人工授精，可提高羊的繁殖率，进而促进养羊经济效益。

人工授精（AI）是指使用器械采集公羊精液，再用器械将经过检查和处理后的精液输入到母羊生殖道内，以代替公母羊自然交配而达到繁殖后代的一种繁殖技术。与自然交配相比，1只公羊本交年产后代600只，1只公羊鲜精人工授精年产后代6000只，1只公羊冻精人工授精年产后代10000只（图3-1），因此人工授精是养羊业中最有价值的技术和管理手段之一，可高效利用优秀种公羊的大量精子资源，提高优秀种公羊的配种效能，能大大提高优秀种公羊的种用价值，加快羊群改良过程。同时，人工授精技术由于减少了种公羊的饲养数量而降低养羊成本，提高经济效益。另外，由于公母羊不直接接触即可完成配种，从而可防止各种接触性疾病的传播。

20世纪30年代，鲜精稀释精液已大面积推广应用，但由于生产发展的需要，遗传性状优良的绵羊精液常常需要远距离运输来扩散优良基因，而且对性状优良的公羊也需要有

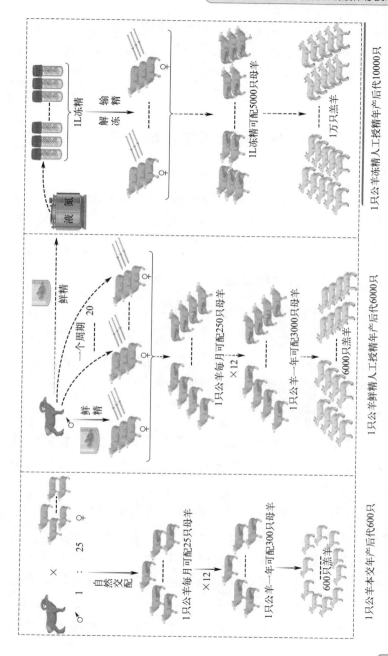

图 3-1 羊的不同配种方式比较

较长的使用年限，由此刺激人们对精液的保存技术进行了大量研究，据此建立了精液的液态非冷冻保存、冷藏保存和冷冻保存技术。

第一节 绵羊人工授精技术

绵羊人工授精技术包括采精、精液品质检查、稀释、分装、精液的保存（液态保存、冷冻保存）、精液的运输、解冻与检查、输精等基本环节。

一、人工授精的组织和准备

由于人工授精的效果不仅受技术环节影响，而且还直接与输精过程组织管理有关，并且在目前技术已基本成熟的情况下，组织管理工作显得更为重要。在绵羊中开展人工授精，应做好以下各项组织和管理工作。

1. 人工授精站的建设

人工授精站一般应选择在母羊分布密度大、水草条件好、放牧地比较充足、交通相对方便、地势平坦、背风向阳而又排水条件良好的地方。

人工授精站一般应包括采精室、精液处理室、消毒室、输精室、工作室及种公羊舍、试情公羊舍、试情母羊舍、待配母羊舍等。有条件时，还应修建住房、饲草饲料库房等配套房屋。各房舍布局要合理，既要便于采精、精液制备和输精，也要符合卫生和管理要求。

人工授精站的大小，应根据授配母羊数的多少而定。如对于 1000～1500 只母羊规模的羊场，采精室面积以 15～25 平方米为宜，精液处理室约为 12 平方米，输精室以 20～30 平方米较好（也可以与采精室通用）。

2. 器械和药品的配备

人工授精需要一定的器械和药品，应及时选购及配置。常用的器械有假阴道内胎、假阴道外壳、输精器、集精杯、金属开膣器及显微镜、血球计数板、消毒锅、温度计、体温计、吸耳球、量杯（量筒）等。常用药品包括酒精、生理盐水、凡士林、高锰酸钾、消毒液及必要的兽医药品等。各种器械和药品均应量足质优，以防使用过程中损坏后因不能及时补充而影响输配质量。

3. 种公羊的饲养管理

种公羊应严格按照机体营养需要进行饲养，同时，在人工授精工作开始前 1 个月左右应加强蛋白质（如补加鸡蛋）、维生素等营养物质的供给，以确保公羊的种用体况，使其产生健壮精子。还要加强管理，如定时定量的放牧或室外运动。

配种开始前 1 个月左右，有关技术人员应对参加配种的公羊进行精液品质检查，主要目的在于：一是掌握公羊精液品质情况，如发现问题，可及早采取措施，为确保配种工作的顺利进行奠定基础；二是排除公羊生殖器中长期积存下来的衰老、死亡和解体的精子，促进种公羊的性功能活动，产生新的精子。因此，在配种开始以前，每只种公羊至少要采精 15～20 次，开始每天可采精一次，在后期每隔一天采精一次，对每次采得的精液应进行品质检查。

如果公羊初次参加配种，则在配种前 1 个月左右应有计划地进行调教，可使公羊在采精室与发情母羊自然交配几次；也可把发情母羊的阴道分泌物涂抹在公羊鼻尖上以刺激其性欲；或注射丙酸睾丸素，每次 1 毫升，隔一天一次；每天用温水把阴囊洗干净，擦干，然后用手由下而上地轻轻按摩睾丸，早、晚各一次，每次 10 分钟；让公羊"观摩"其他公羊的采精过程。

4. 母羊群的准备

凡确定参加人工授精的母羊，要单独组群，防止公、母羊混群而偷配，扰乱人工授精计划。在配种开始前几天，应让母羊群进入人工授精站的待配羊圈舍。加强配种前和配种期母羊群的放牧管理，保证羊只有良好的膘情。

5. 其他工作

配备必要的人力，如 1000 只母羊的规模，应有 6～10 人协助早晚的抓羊、管羊等工作。应准备好试情公羊。

二、人工授精

1. 精液采集

采精是人工授精的第一个环节。绵羊的采精方法很多，最常用假阴道采精法，其优点主要是能收集到公羊排出的全部精液，精液不易被污染，不会引起公羊损伤，设备简单，使用和装卸方便。

（1）器械的准备　凡是人工授精使用的器械，都必须经过严格的消毒。在消毒前，应将器械洗净擦干，然后按器械的性质、种类分别包装。消毒时，除不宜放入或不能放入高压消毒锅（或蒸笼）的金属器械、玻璃输精器及胶质的内胎以外，一般都应尽量采用蒸汽消毒，其他用酒精或火焰消毒。蒸汽消毒时，器材应按使用的先后顺序放入消毒锅，以免使用时在锅内翻找，耽误时间，而且可能影响无菌操作。凡士林、生理盐水、棉球等在用前均需消毒好。已消毒的器材、药液要防止污染，并注意保温。

（2）台羊的准备　台羊是指用发情的活母羊或假台羊（大小与母羊体格相似的木架，架内填上适量的麦草或稻草，上面覆盖一张羊皮并固定）作为公羊爬跨射精的对象，以达到采精的目的。台羊的体格应与采精公羊的体格大小相适应，活母羊应健康且发情明显。采精时，将台羊固定在采精架上。

（3）假阴道的准备　假阴道包括外筒、内胎和集精杯三个部件，另外还有胶圈、气门活塞等附件（图 3-2）。

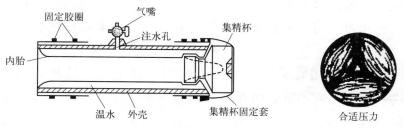

图 3-2　采精用假阴道结构及合适压力示意图

① 安装和消毒　准备假阴道时应检查所用的内胎有无损坏和沙眼，若完整无损时最好先放入开水中浸泡 3～5 分钟。新内胎或长期未用的内胎，必须用热肥皂水刷洗干净。安装时先将内胎装入外壳，并使其光面朝内，而且要求两头等长，然后将内胎一端翻套在外壳上，依同法套好另一端，此时注意勿使内胎有扭转情况，并使之松紧适度，再在两端分别用橡胶圈固定。用长柄镊子夹上 65% 酒精棉球消毒，从内向外旋转，勿留空间，要彻底。等酒精挥发后，用生理盐水棉球多次擦拭、冲洗。最后将集精杯安装在假阴道的一端。

② 灌注温水　左手握住假阴道的中部，右手用量杯或吸

耳球将 45～50℃ 温水从气门孔灌入。水量约为外壳与内胎间容量的 1/2～2/3。最后装上带活塞的气嘴，并将活塞关好。

③ 涂抹润滑剂　用消毒玻璃棒取少许凡士林，由外向内均匀涂抹一薄层。涂抹深度占内腔长度的 1/3～1/2。

④ 检温和吹气加压　从气嘴吹气，用消毒的温度计插入假阴道内检查温度，以采精时达 40～42℃ 为宜，若过低或过高可用热水或冷水调节。当温度适宜时吹气加压，使涂凡士林一端的内胎壁遇合，状如三角形。最后用纱布盖好入口，准备采精。

（4）采精方法　应事先擦洗干净公羊阴茎周围，并剪去多余的长毛。把公羊牵引到采精现场后，用台羊反复挑逗，使公羊的性兴奋不断加强，待阴茎充分勃起并伸出时，再让公羊爬跨。因为发情母羊对公羊有很强的性刺激，这样可提高精液品质。

采精员用右手握住假阴道后端，固定好集精杯（瓶），并将气嘴活塞朝下，蹲在台羊的右后侧，让假阴道靠近公羊的臀部，当公羊跨上台羊背部而阴茎尚未触及台羊时，迅速将公羊的阴茎导入假阴道内，若假阴道内的温度、压力、润滑度适宜，当公羊后驱急速向前用力一冲，即已射精完毕。此时，应顺公羊动作向后移下假阴道，并迅速将假阴道竖起，集精杯一端向下，然后打开活塞上的气嘴，放出空气，取下集精杯，盖上瓶盖，送精液处理室待检（图 3-3）。

人工授精中使用的公羊

图 3-3　公羊采精

应该训练使其能够适应假阴道采精，如果将采精用的台羊进行人工诱导发情（可以采用阴道内孕激素海绵处理，撤出海绵时注射 25～50 微克苯甲酸雌二醇），则能延长母羊的发情期，该方法在孕激素处理的羊只或者自然发情的羊只均可通过注射苯甲酸雌二醇使发情期延长一倍，便于采精时使用。

（5）清理采精用具　倒出假阴道内的温水，将假阴道、集精杯放在热水中用肥皂充分洗涤，然后用温水冲洗干净，擦干，待用。

（6）其他注意事项

① 采精的时间、地点和采精员应固定，这样有利于公羊养成良好的条件反射。应尽量固定采精员，以便掌握公羊的特点，使采精易于成功。

② 要一次爬跨即能采到精液。多次爬跨虽然可以增加射精量，但实际精子数的增加不多，而且容易造成公羊不良的条件反射。此外，多次爬跨易使假阴道混入尘土和杂质污染精液，降低精液品质。

③ 保持采精现场安静，不要影响公羊性欲。

④ 应特别注意假阴道的温度，采精时保持在 40～42℃。

2. 精液品质检查

精液品质检查的主要目的在于鉴定其品质的优劣（是否符合输精要求），同时也为精液稀释、分装保存和运输提供依据。精液品质检查主要从外观评定（如精液量、色泽、气味、pH）、实验室检查（如精子的运动能力、精子密度、精子形态）等方面进行。

（1）精液量　单层集精杯本身带有刻度，采精后直接观测读数即可。若使用双层集精瓶，则要倒入有刻度的玻璃管中观测。绵羊每次射精量为 0.8～1.5 毫升。射精量因采精方法、品种、个体营养状况、采精频率、采精季节及采精技术水平而有差异。

（2）色泽　正常的精液为乳白色。如精液呈浅灰色或浅青色，是精子少的特征；深黄色表示精液内混有尿液；粉红色或淡红色表示有新的损伤而混有血液；红褐色表示在生殖道中有深的旧损伤；有脓液混入时，精液呈淡绿色；精囊腺发炎时，精液中可发现絮状物。凡是颜色异常的精液均不得用于输精。

（3）气味　正常精液微有腥味，若有尿味或浓腥味，则不得用于输精。

（4）云雾状　用肉眼观察采集的精液，可以看到由于精子活动所引起的翻腾滚动、极似云雾的状态。精子的密度越大、活力越强者，则其云雾状越明显。因此，根据云雾状表现得明显与否，可以判断精子活力的强弱和精子密度的大小。

（5）活力　精子活力是评定精液品质优劣的重要指标，一般对采精后、稀释后、冷冻精液解冻后的精液均应进行活力检查。

一般可根据直线前进运动的精子所占比例来评定精子活率。在显微镜下观察，可以看到精子有三种运动方式，即前进运动（精子的运动呈直线前进运动）、回旋运动（精子虽也运动，但绕小圈子回旋转动，圈子的直径很小，不到一个精子的长度）、摆动式运动（精子不变其位置，而在原地不断摆动，并不前进）。除以上三种运动方式之外，往往还可以看到没有任何运动的精子，呈静止状态。

前进运动的精子才是具有受精能力的精子。因此，根据在显微镜下所能观察到的前进运动的精子占视野内总精子数的百分率来评定精子活率。过去多采用五级评分：如果全部精子做直线前进运动，评为五级；大约有 80％的精子做直线前进运动，评为四级；60％左右的精子做直线前进运动，评为三级；40％左右的精子做直线前进运动，评为二级；20％左右的精子做直线前进运动，评为一级。现在大多直接采用百分率来评定精子活率，如活率为 80％，即表示精液中直线前进运动的精子数占总精子数的 80％。

（6）精子密度　精子密度也称为精子浓度，指每毫升精液中所含有的精子数目。密度检查的目的是为确定稀释倍数和输精量提供依据。精子密度检查主要方法有目测法、显微镜计数法和光电比色法。

3. 精液稀释

稀释的主要目的是扩大精液量，便于输精操作。对要保存的精液必须要进行稀释，以延长精子的存活时间；另外，稀释后的精液更有利于保存和运输。

增加精液容量而进行鲜精输精时，通常用 0.9％氯化钠溶液或乳汁稀释液。稀释应在 25℃左右进行。绵羊精液一般可作 2～4 倍稀释，以供鲜精输精之用。

绵羊精液稀释液多用卵黄或牛奶，也可将卵黄和牛奶混合使用。脱脂奶应在 90℃加热 1 分钟以灭活牛奶中存在的杀精子因子，然后再加入抗生素和其他成分（抗生素可采用青霉素、链霉素等）。精液的稀释度以每毫升含 2 亿精子为宜，稀释后的精液从 30℃降低到 15℃需要 30 分钟，然后装入 0.25 毫升的细管中，放入运送容器中。输精之前的储存温度为 15℃。

4. 输精

输精是人工授精操作的最后一个环节。掌握好母羊发情排卵的时机，用正确的方法把精液输送到母羊生殖道的适当部位，是提高绵羊受胎率的重要因素之一。

（1）输精的基本技术

① 输精方法　常用的各种输精技术基本可分为四类，即阴道输精法（VAI）、子宫颈输精法（CAI）、经子宫颈输精法（TAI）和腹腔镜输精法（LAI），每种输精法各有其优缺点。

输精后的母羊应保持 2～3 小时的安静状态，不要接近公羊或强行牵拉，因为输入的精子通过子宫到达输卵管受精部位需要一段时间。

输精人员的技术水平对人工授精后的受胎率有明显影响。爱尔兰人在绵羊人工授精工作时并不采用很复杂的设备，可只将母羊简单保定，也可只将羊后躯倒提起来，但操作人员需要一定的技术和经验，每只羊的输精时间不应该超过 1 分钟。寻找子宫颈开口需要一定的技术，输精时应该尽量轻柔，不要过度刺激腹胁部。等待输精的母羊数量不应超过 40～50 只，以免集中母羊太多造成应激。

② 输精时间　在发情开始后 10～36 小时内输精为宜。同时还应注意"少配迟，老配早"的原则，即幼龄羊以发情后的较晚时间配种为宜，而成年羊或老龄羊则在发情时就应立即配种。一般根据试情制度，早、晚各输精一次。次日仍发情的母羊，应进行第 3 次输精。

绵羊在用孕激素-孕马血清促性腺激素处理后一般可以比较准确地判断其发情和排卵的时间，一般是发情开始于撤出药物之后的第 36 小时，发情持续 36 小时，排卵发生在撤出药物之后的第 70 小时，因此如果在撤出药物之后第 56 小时进行一次输精，则在排卵之前母羊生殖道内就有足够的精子。

③ 输精量 输精量主要由每次输入的有效精子数即直线前进运动的精子数来决定，这又取决于精液的稀释倍数及精子活率。绵羊每次输精中，应输入前进运动的精子 0.5 亿个。对新鲜原精液，一般应输入 0.05～0.1 毫升，稀释精液（2～3 倍）应输入 0.1～0.3 毫升。

④ 输精部位 母羊的输精部位应该在子宫颈口内 1～2 厘米处。但由于母羊的子宫颈细长，管腔内有 5～6 个横向皱褶，因此要把精液直接输入子宫内是比较困难的。需要仔细操作，才有可能达到在较深部位（0.5～1.5 厘米）输精的目的。由于绵羊子宫颈的结构特点，子宫颈输精时精液是输入在子宫颈内或者第一个皱褶内，这样子宫颈的保留能力就很低，只能保留 0.1～0.2 毫升精液。定时输精的一个最大的困难是需要很大的精液剂量（1～2 次输精，需要的总精子数为 4 亿～5 亿个），而且总的输入量应越小越好。

⑤ 输精次数与时间 一般输精次数 2 次，比较适宜的输精时间应在发情中期后（即发情后 12～16 小时）。如以母羊外部表现来确定母羊发情的，上午开始发情的母羊，下午与次日上午各输精 1 次；下午和傍晚开始发情的母羊，在次日上午、下午各输精 1 次。每天早晨 1 次试情的，可在上午、下午各输精 1 次。2 次输精间隔 8～10 小时为好，至少不低于 6 小时。若每天早晚各试情 1 次的，其输精时间与以母羊外部表现来确定母羊发情相同。如母羊继续发情，可再行输精 1 次。

（2）影响输精效果的因素

① 绵羊的应激 绵羊在配种期间短时间的营养及处理造

成的应激对其生育力有明显影响，这种影响可能是通过影响受精或者是引起早期胚胎死亡而造成的。因此在采用繁殖调控技术进行绵羊配种时应该尽量轻柔，避免任何不必要的干扰，这在采用人工授精进行配种时尤为重要。应激绵羊在精子通过子宫颈时可能受到不利的影响，这些应激可能是由于发情母羊在输精时对周围环境不熟悉，输精人员操作过于粗鲁所造成的。

②初配母羊的人工授精配种　初配母羊的繁殖性能一般都比成年母羊差，这可能主要是初配母羊配种后胚胎死亡率较高所致，而且初配母羊的发情行为也十分微弱，难以进行准确的发情鉴定。初配母羊用人工授精输精时，体重较重者怀孕率较高，因此初配母羊在进行配种时，其体重应至少达到成年母羊的2/3。

③人工授精的时间与剂量　子宫内输精的时间和生育力之间呈线性关系。如果子宫内输精的时间从撤出孕激素处理后的24小时增加到48小时，则鲜精输精后的怀孕率从70%增加到95%；撤出阴道海绵后48小时或55小时用冻精输精，则怀孕率也明显提高。对子宫颈输精深度、子宫内输精位点等与冻精输精后的生育力的关系进行的研究表明，发现成年绵羊在子宫颈输精时输精枪可以插入子宫颈深部，而且其能够插入的深度随着绵羊年龄的增长（4~7岁）而增加，随着输精深度的增加受胎率也增加，但观察到发情后12小时和24小时输精，受胎率没有明显差别；人工授精后35天的怀孕率在采用不同精子剂量（8000万~32000万）输精的绵羊之间没有明显差别。子宫体输精与左侧子宫角输精之后受胎率也没有明显差别，但随着活精数量的增加，受胎率呈线性增加，6500万的活精子可以获得72.8%的受胎率。

④ 子宫颈输精技术　近年来，建立了一种穿子宫颈的绵羊人工授精技术，采用这种方法可以通过子宫颈将精液输入子宫腔，但有时输精管通过子宫颈很困难。羊侧卧保定，后躯抬高，用一鸭嘴式开膣器开张阴道，用钳抓住子宫颈向后回拉，可将输精枪插入大多数绵羊子宫颈开口。经子宫输入鲜精后的产羔率分别为 50％、55％ 和 40％，而采用腹腔镜技术时则为 65％。

⑤子宫内输精后的怀孕率　研究表明，如果采用腹腔镜技术在每个子宫角输入 0.03～0.05 毫升精液，鲜精的产羔率为 83％，而冻精为 38％；子宫内输精后冻精的产羔率一般为 40％～60％。

附：绵羊人工授精点仪器设备清单（表 3-1）。

表 3-1　人工授精点仪器设备清单

序号	产品名称	规格及型号	单位	主要参数
1	羊用采精桶	整套包括外壳，集精杯，胶塞，内胎，保温套，皮筋	个	整套包括外壳，集精杯，胶塞，内胎，保温套，皮筋
2	羊输精枪	长 22.5 厘米	把	长 22.5 厘米
3	羊开膣器	材质：不锈钢	个	不锈钢
4	集精杯	玻璃材质，带刻度	个	玻璃材质，带刻度
5	双目显微镜	PH50-2A43L-A	台	目镜放大倍数 16，物镜放大倍数 100，仪器放大倍数 1600
6	温度计	玻璃材质，带刻度，100℃	个	玻璃材质，带刻度，100℃
7	玻璃棒	20 厘米	个	20 厘米
8	软皂	500 克	瓶	500 克
9	载玻片	50 片/盒	盒	50 片/盒
10	盖玻片	100 片/盒	盒	100 片/盒

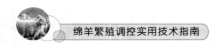
序号	产品名称	规格及型号	单位	主要参数
11	水浴锅	HH. S11-2	台	单列双孔,外形尺寸:345毫米×200毫米×210毫米;操作室尺寸:305毫米×160毫米×130毫米;功率0.5kW;温控范围及温度误差:RT+5~100℃;±1℃
12	酒精灯	玻璃	个	玻璃
13	75%酒精	500毫升	瓶	75%酒精
14	95%酒精	500毫升	瓶	95%酒精
15	手提式灭菌锅	YXQ-LS-18SII	台	容积:18升
16	烧杯	500毫升	个	500毫升
17	搪瓷盘	40厘米×50厘米	个	40厘米×50厘米
18	长柄镊子	12.5厘米	个	12.5厘米
19	药棉	400克/包	包	400克/包
20	纱布	6厘米×8厘米/(200片/包)	包	6厘米×8厘米/(200片/包)
21	白凡士林	500克	瓶	500克
22	头戴式照明灯	单灯	个	强光
23	脸盆	不锈钢	个	不锈钢
24	羊用可视输精枪	AM-Y5	支	/
25	护目镜	3M1621	个	/
26	一次性口罩	耳带式	个	/
27	乳胶手套	独立包装	双	/

第二节　绵羊精液的液态保存技术

精液保存的目的是延长精子的存活时间及维持其受精能

力，以便长途运输或长期保存，扩大精液的使用范围，增加母羊受配只数，提高种公羊的配种效能。

一、低温保存技术

大量的研究表明，精液在 10～15℃ 保存可获得最高的生育力。但也有研究表明，0～5℃ 保存最适合于精子的存活。

精液在低温下保存时，如果处理不当，精子会发生冷休克。精子细胞的这种不可逆变化发生在精子降温到 0℃ 时。早期研究发现，如果将精液的温度从室温逐渐下降，或者在精液稀释液中加入脂类均可有效防止精子在降温过程中出现冷休克。各种来源的脂类，如卵黄、睾丸、黄体、大脑及大豆等均对精子的冷休克具有保护作用。另一种常用的稀释液为卵黄-柠檬酸稀释液。

目前采用的柠檬酸稀释液的配方为：2.37 克柠檬酸钠、0.50 克葡萄糖、15 毫升卵黄、100000 国际单位青霉素、100 毫克链霉素，加蒸馏水到 100 毫升。

果糖是绵羊精液中的简单碳水化合物，但在稀释液中加入葡萄糖和甘露糖时，精子也能代谢这些糖类。虽然其他糖类不能作为能源，但许多糖类有助于精子维持活力。研究表明，将葡萄糖和果糖用作稀释液中糖类的主要成分，或将蔗糖和乳糖用在稀释液中以调节渗透压，发现均有助于保护精子在储存过程中膜的稳定性和完整性。

1. 含三羟甲基氨基甲烷 (Tris) 的稀释液

Tris 是许多动物精液稀释液的重要组成部分，其浓度为 10～50 毫米时对绵羊精子的活力和代谢没有明显影响，浓度更高时对冷藏精液的效果更好。目前建议使用的基于 Tris 的绵羊精液稀释液的配方为：3.63 克 Tris、0.50 克果糖、1.99 克柠檬酸、14 毫升卵黄、100000 国际单位青霉素、100 毫克链霉素，加蒸馏水到 100 毫升。

2. 乳汁稀释液

全乳、脱脂乳及重组乳广泛用于绵羊精液的稀释，主要是因为这种稀释液中蛋白成分可缓冲 pH 的变化，也可作为螯合剂与重金属结合，防止重金属离子对精子的毒害作用，还能在温度变化时保护精子。牛奶的效果比其他动物乳汁的效果更好，稀释前应将乳汁或相似成分加热到 92～95℃，8～10 分钟，使蛋白成分中对精子有毒害作用的乳烃素失活。配制重组乳稀释液时将 9 克脱脂奶粉溶解在 100 毫升蒸馏水中，为了防止微生物的生长，可在每毫升稀释液中加入 1000 国际单位青霉素和 1 毫克链霉素。

研究表明，在 2～5℃保存绵羊精液时，脱脂乳的效果明显比全乳好，特别是在稀释液中加入抗生素后，效果与卵黄葡萄糖-柠檬酸稀释液相当。在脱脂乳中加入 5％卵黄和 1％葡萄糖可提高精子在冷藏保存中的活力。

近年来，人们采用超高热处理的灭菌乳作为绵羊精液的稀释液，发现能保持在液体保存时精子的活力。超高热处理是无菌的，无须进行加热处理，可直接作为稀释液使用。此外，还有人建立了化学成分组成的稀释液 RSD-1 用于绵羊精液的液态保存，而且生育力较高。

二、液态保存精液的生育力及影响因素

人们对子宫颈输精后的生育力进行了大量研究，特别是对稀释液的组成、储存温度、稀释比例、输精剂量、发情鉴

定技术、输精技术等的影响进行了大量比较研究。现有的研究结果表明，子宫颈输精时，如果精液液态保存时间超过 24 小时，输精后的生育力会迅速下降，保存时间每延长一天，则生育力会下降 10％～35％。因此，如果一个发情周期母羊用鲜精输精后产羔率为 68％～75％，则精液保存 24 小时、48 小时及 72 小时后输精，其产羔率则分别为 50％、25％～30％和 15％～20％。

无论采用何种稀释液、稀释比例及保存温度和条件，随着保存时间的延长，对精子的损害增加。精子在保存过程中发生的主要变化是活力降低、精子的完整性受到破坏，这些变化可能与精子在储存过程中由于代谢等产生的有害物质的蓄积，特别是超氧化物离子 ROS 等有关，由于这些变化，使得精子在雌性生殖道中的存活能力降低，而引起生育力降低。

子宫颈是精子通过的主要屏障之一。与鲜精相比，液态保存的精液在输精后通过子宫颈的数量较少，到达受精位点的精子数更少。因此在输精时保证有足够量的精子对于绵羊是极为重要的。有人为了增加精子从子宫颈到达输卵管的速度，在精液保存时加入前列腺素 F2α 或前列腺素 E，但效果并不明显。

液态精液的保存过程可能也与冷冻精液一样，能加速精子质膜的成熟过程，因此增加了获能和发生顶体反应的精子数量。获能的精子活力和寿命均降低，如果在雌性生殖道中进一步老化，则可能不能使卵子受精。

早期胚胎死亡也是生育力降低的一个主要原因。受精时配子的状态会影响胚胎的存活，精子老化可引起胚胎的发育异常，这种异常可能与精子基因组的变化有关。研究表明，保存的精子在雌性生殖道中进一步老化时可引起精子和卵子的成熟时间不协调，因此会使胚胎的死亡率升高。

目前还没有有效的方法来解决子宫颈输精后生育力降低的问题。有研究表明，经子宫颈深部输精可提高生育力，因此还有人试图通过子宫颈进行子宫内输精，但穿入子宫颈在绵羊有一定的难度。

如果采用腹腔镜技术进行子宫内输精，可以有效提高液态保存精液的输精后的受胎率，特别是如果精液中含有抗氧化剂时效果更明显。采用这种方法输精，即使精液在冷藏条件下保存 8 天，其受胎率仍然较高，有些精子的受精能力甚至可保留达 10 天以上。常用的抗氧化剂有超氧化物歧化酶（SOD）、过氧化氢酶（CAT）、细胞色素 C 等，它们均对绵羊精子保存过程中活力的保持和顶体质膜的完整性具有保护作用，如果采用腹腔镜技术进行子宫内输精，在 Tris-葡萄糖-卵黄稀释液中加入超氧化物歧化酶和过氧化氢酶，可使输精后的受胎率明显提高，精子存活的有效时间延长到 14 天。

第三节　绵羊精液的冷冻保存及输精技术

采用液氮（－196℃）或干冰（－79℃）保存精液，即在超低温环境下，使精子的活动停止，处于休眠状态，代谢也几乎停止，从而延长精子的存活时间。

低温环境对精子细胞的危害主要表现在细胞内外冰晶的形成，于是改变了细胞膜的渗透压环境，使细胞膜蛋白质、脂蛋白和精细胞的顶体结构受损伤；同时冰晶的形成和移动会对精子及其细胞膜结构造成机械破坏。在一般条件下，冷冻不可避免地会形成冰晶，因此冷冻精液成败的关键取决于冰晶的大小。只要避免对生物细胞足以造成物理伤害的大冰晶的形成，并稳定在微晶状态，将会使细胞基本得到保护。

精子在低温环境下，形成冰晶的危险区为－50～－15℃。因此，在制作和解冻冷冻精液时，均需以快速的方式降温和升温，使其快速地通过危险温区而不形成冰晶。

一、稀释液

冷冻精液的稀释液应该具有足够的调节pH变化的缓冲能力、合适的渗透压，应该能够保护精子免受冷冻损害。目前采用的稀释液分为以下几类。

1. 基于柠檬酸和糖的稀释液

稀释液中加入甘油后会引起渗透压下降，高渗的柠檬酸-葡萄糖-卵黄或柠檬酸-果糖-卵黄稀释液的渗透压通常为400～600毫渗，绵羊精液的渗透压为382毫渗，而且绵羊的精子由于可被单糖渗入，因此能耐受比等压高两倍的葡萄糖和果糖浓度，可平衡渗透压的变化。以柠檬酸-葡萄糖或者果糖-卵黄为稀释液制备的冻精输1～3次后的产羔率分别为17%和40%。

2. 乳汁稀释液

牛乳常与树胶醛醺、果糖或卵黄等合用制备绵羊冻精。有研究表明，巴氏消毒的全乳或重组脱脂乳、柠檬酸-卵黄、牛奶-葡萄糖-卵黄效果基本相当，在这些稀释液中以牛奶的效果最好，但将卵黄加入加热的均质牛奶中并不能增加精子解冻后的存活率。脱脂奶在瑞典广泛用于绵羊精液的冷冻保存，但冷冻精液子宫颈输精后的生育力仍然差别很大，有些

只有 0％～23％，有些可达到 30％～45％，产羔率极少超过 50％～75％。

3. 基于乳糖的稀释液

在冷冻过程中乳糖和蔗糖等二糖在降低结晶温度上效果比单糖好，如果其与 EDTA-Na 合用则效果更好。在基于乳糖的稀释液中加入阿拉伯树胶也具有较好的效果。

4. 基于蔗糖的稀释液

由于蔗糖保护顶体完整性的功能比葡萄糖、果糖或乳糖好，因此常用于精液稀释液。在蔗糖稀释液中常加入合成的抗氧化剂来抑制精子磷脂，特别是不饱和脂肪酸的过氧化反应。厌氧环境下操作、加入抗氧化剂及 EDTA 等均可抑制过氧化反应，而冷冻解冻过程则不能抑制脂类的过氧化反应。

5. 基于棉籽糖的稀释液

对柠檬酸钠与各种浓度的糖、树胶醛糖、葡萄糖、乳糖、棉籽糖的组合结果进行的比较研究表明，棉籽糖（9.9％）-柠檬酸-$2H_2O$（2％）-卵黄（15％）-甘油（5％）稀释液可用于制备绵羊的颗粒冻精。最佳渗透压因为稀释液的不同而不同，但制备绵羊颗粒冻精时需要高渗透压的稀释液。生产中建议棉籽糖-柠檬酸-卵黄稀释液的最佳渗透压为 375～485 毫渗，制备的冻精输精剂量为 1.5 亿～1.8 亿个精子，则产羔率可达 40％～50％。如果在棉籽糖-柠檬酸-卵黄稀释液中加入谷氨酸和蛋氨酸可提高产羔率，但在棉籽糖-葡萄糖-蔗糖稀释液中加入 Tris 缓冲液则对产羔率没有明显改进。

6. 基于 Tris 的稀释液

研究表明，绵羊精子对 Tris 的耐受浓度为 250～400 毫摩尔/升，而且在该稀释液中葡萄糖比果糖或棉籽糖更为适用。如果将精液用 Tris（300 毫摩尔/升）-葡萄糖（27.75 毫摩尔/升）-柠檬酸（94.7 毫摩尔/升）-卵黄（15％）-甘油（5％）及抗生素进行 3～5 倍的稀释制备颗粒冻精，则产羔率为30％～57％。含 2％卵黄的 Tris 缓冲液其渗透压为 375 毫渗时能更好地维持顶体的完整性和精子解冻后的活力。如果将30～290 毫摩尔/升的单糖或二糖与 100～300 毫摩尔/升 Tris 合用，使其渗透压达到 325 毫渗，则对精子解冻后的活力没有明显影响，也对输精后的生育力没有影响。但也有研究表明，Tris 与乳糖合用时效果比与葡萄糖和蔗糖好。

7. 其他稀释液

两性离子缓冲液，如 tes、hepes 和 pipes 也被广泛用作冷冻绵羊精液的基础稀释液，以 tes 和 Tris 为基础稀释液制备的冷冻精液其产羔率差别很大，如果两性离子与脱脂乳合用，则效果明显比 Tris-葡萄糖-卵黄稀释液好，精子解冻后的活力较高，但对顶体完整性的保护能力较差。两性离子稀释液制备的冻精其产羔率明显比 Tris-葡萄糖稀释液低。

在所研究的各种稀释液的成分中，值得注意的是右旋糖酐和羟基淀粉。当在 tes-柠檬酸盐-氨基乙酸-乳糖-棉籽糖-果糖-柠檬酸稀释液中加入这些成分，不再加入甘油用于稀释和制备绵羊冷冻精液，之后再用含甘油的乳汁-柠檬酸进行稀释，则冷冻保护效果比采用乳糖-卵黄作为第一稀释液、INRA 作为第二稀释液好。

二、冷冻保护剂及精液的稀释方法

1. 甘油

甘油是保存绵羊精液最常用的冷冻保护剂。如果用常规的慢速冷冻方法，以高渗透压稀释液进行稀释，则最佳甘油浓度为 6％～8％；如果制备颗粒冻精则稀释液含 3％～4％甘油时精子的存活最好。

制备冷冻绵羊精液时，甘油对精子的毒害作用与其精子的浓度有关，而这种作用又取决于冷冻速度、稀释液的成分和加入甘油的方法。对甘油浓度和冷冻速度的综合作用进行的研究表明，如果以 0％～8％的甘油浓度在干冰上制备颗粒冻精，或者以 0％～10％的甘油浓度及 1～100℃/分钟的冷冻速度制备冻精，冷冻速度越快，甘油浓度越低，解冻后精子的生存越好。

除了冷冻速度外，最佳甘油浓度也与稀释液的成分，特别是其渗透压有关。此外，甘油浓度也可能受稀释液中卵黄浓度的影响，增加卵黄浓度可减少甘油浓度。研究表明，稀释液中加入具有抗氧化作用的冷冻保护剂也可使甘油浓度降低到 3.5％、2.5％或 2.0％。两步法稀释时可将甘油加入到不同的稀释液中，一步法稀释时可将甘油直接加入到稀释液中。

2. 卵黄

卵黄是精液稀释液中常用的成分，能保护精子免受冷休克的打击，因此在精子的冷冻和解冻过程中发挥保护作用。在制备绵羊的安瓿冻精时，卵黄的浓度为 3％～6％，制备颗粒冻精时为 15％，但效果与稀释液的组成有密切关系。

虽然有时可采用其他成分代替卵黄，但目前卵黄仍是冷冻绵羊精液最重要的稀释液成分，特别是在保护精子质膜上效果更好。

三、精液的处理与冷冻

精液冷冻能否成功，在很大程度上取决于精液的稀释比例。最初人们稀释精液的主要目的是在降温、冷冻和解冻过程中保护精子，但由于技术方面的原因，稀释比例常常有所变化，例如为了增加一次射精量可输精母羊的数量、为了使每次输精的精子数量标准化等。目前采用的冷冻前的稀释比例有的高达 10～25 倍，但常稀释 2～6 倍。

精液稀释之后常冷却到接近 0℃，冷却是精子对降低代谢的一个适应过程。传统的观念认为，平衡是指精子在冷冻之前与甘油接触的总时间，在这个过程中，甘油穿入精子细胞，使得精子内外甘油的浓度相等。其实平衡不仅仅是指甘油浓度，稀释液的其他成分也存在这种现象。在平衡过程中甘油可引起精子质膜结构和生化完整性的改变，也能加速顶体反应的发生，因此对生育力有不利影响。

稀释精液在 0℃ 之上的冷却速度对精子冷冻之后的存活有明显的影响。绵羊的安瓿冷冻精液常采用常规的慢速冷冻法，但目前已经极少使用，多采用 PVC 细管或颗粒冷冻。准备细管冻精时可将细管用液氮熏蒸，通过调节细管与液氮面的距离控制冷冻速度。虽然就精子的冷冻质量而言，冷冻速度与甘油浓度有极为密切的关系，10～100℃/分钟的冷冻速度对精子存活的影响没有甘油浓度那样明显。

冷冻曲线的形状在制备细管冻精时也是极为重要的，抛物线形的温度下降比直线下降效果更好，因此在制备冻精时可通过将精液控制在液氮面上 4～6 厘米的距离控制降温过程。用干冰制作的细管冻精解冻后精子活力的复苏没有颗粒冻精好，但生育力没有明显差别。控制颗粒冻精的降温速度时，可通过改变颗粒的大小及制冷剂的温度进行，但 0.03～0.86 毫升大小的颗粒冻精解冻后的活力没有明显差别。在液氮上熏蒸制备颗粒冻精的效果并不比在干冰上好，产羔率也无明显差别。直接将精液滴入液氮制备冻精，其精子解冻后的活力很低，甚至可造成所有精子死亡，主要原因可能是液氮不适合快速冷冻。但也有研究表明，如果制备成 0.03 毫升的颗粒或者 1.5～2.5 毫升的小瓶，直接投入液氮中 5～7s，然后再在液氮面上熏蒸数分钟后投入液氮，颗粒冻精解冻后的活力与干冰上制备的相似，输精后的受胎率可达 60%。

四、冻精的解冻

在精液的解冻过程中，精液的升温过程对精子的存活来说与冷冻过程一样极为重要。冷冻精子解冻时，必须要再次通过-15～60℃的危险温区。

降温和解冻过程均对精子的存活有极为重要的影响，取决于降温速度是否快到足以诱导细胞内结冰，或者低到足以产生细胞脱水。在前一种情况下，需要快速解冻以阻止精子细胞内存在的冰再度结晶。快速解冻的精子还需要与浓缩的各种成分和甘油接触一段时间，因此细胞内外的平衡要比缓慢解冻快。有研究表明，安瓿中缓慢冷冻的绵羊精子在 40～43℃解冻时解冻效果好，但大多数安瓿冻精是在 37℃水浴中解冻的，而细管冻精则多在 38～42℃解冻。但也有研究表明，在高温下解冻 60～75s，精子活力和顶体的完整性与在38～42℃解冻时相当。

绵羊的颗粒冻精可在溶液中进行湿解冻或者在试管中进行干解冻，采用前一种方法时需要配制解冻液，这对精子活力的复苏也有明显影响，其效果也取决于糖-柠檬酸-卵黄冷冻液的组成。绵羊颗粒冻精常用的解冻液为肌糖-柠檬酸-葡萄糖或者柠檬酸-葡萄糖及柠檬酸-果糖溶液。

五、宫颈输精方法的改进

冷冻精液子宫颈输精之后的受胎率低，主要原因是不能在子宫颈保证足够的正常精子的数量，经过大量研究，人们建立了各种方法来解决这一问题。

1. 增加精子浓度

可以通过离心的方法使解冻后精子的浓度增加，因此输精时可输入更多的精子，提高受精率和产羔率。除离心外也可采用过滤的方法提高输精时的精子浓度，也可增加输精剂量。但由于采用上述方法均不能增加精子的利用效率，因此在生产实践中的使用价值不高。

2. 采用松弛素、前列腺素等其他药物处理

给母羊注射松弛素、催产素和前列腺素的主要目的：一是松弛子宫颈，便于冷冻精液的子宫深部输精；二是增加生殖道的收缩，从而能促进精子的运送。

输精前 12 小时注射松弛素对子宫颈没有松弛效果，因此不能影响输精的深度。催产素能刺激子宫颈和子宫的收缩，引起子宫颈扩张，促进交配后精子在生殖道中的运送，但输精之后则没有明显效果，也不能提高产羔率。

前列腺素 E 和前列腺素 $F_{2\alpha}$ 能刺激子宫和子宫颈的收缩，精液在冷冻前加入前列腺素 E 和前列腺素 $F_{2\alpha}$ 能提高精子在生殖道中的转运，能提高精子的活力和产羔率。

用代谢促进剂（如甲基黄嘌呤、咖啡因、蛋白酶、环磷酸腺苷等）虽然能刺激其他动物精子的活力，但对绵羊的精

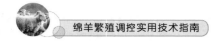

子没有效果。

3. 两次输精

两次输精是常用的提高生育力的方法，但提高的幅度取决于输精时精子的浓度和输精与发情的时间关系。如果在发情中期输精，则第二次输精的意义不大。两次输精时输入的活动精子的数量对受胎率具有重要意义。无论两次输精的间隔时间多长，如果第一次输精是在监测到发情的当天上午，8～10小时后进行第二次输精，则一般可获得较高的受胎率。

4. 深部输精

由于子宫颈结构比较特殊，通过子宫颈进行输精难度较大，为此人们建立各种方法解决这一问题。子宫颈牵引法是通过钳子或者镊子将子宫颈入口向阴道内拉，如果结合扩张子宫颈，则可获得较好的效果，这样可将精液输入2～5厘米深，甚至输入到子宫中。这可获得较高受胎率，但会对绵羊造成一定应激。如果采用特殊的输精器械，可以进行子宫颈深部输精，随着输精深度的增加，产羔率也会增加，也可使输精的精子数量减少2000万～4000万个。

5. 子宫内输精

可通过跨子宫内输精或腹腔镜技术直接将精液输入到子宫中来解决输精时难以通过子宫颈的困难。但一般来说，通过子宫内输精比较费时，而且重复性较差。

六、精子的长期冷冻保存

精子长期冷冻保存后受精能力是否会下降也一直是人们关心的问题。有人对此进行了详细的研究，对保存3年、5年、7年、11年、16年和27年的精子输精后的生育力进行的研究表明，保存的精液输精之后生育力没有明显差别，产羔率的差别也不明显，但在这些试验中使用的精子浓度一般都比较高，表明精子库中长期冷冻保存对精子的生育力没有明显影响，因此可作为保存绵羊种质资源的良好方法。

【典型实例】

优化的稀释液配方是：Tris 4.361 克、葡萄糖 0.6540 克、蔗糖 1.6 克、柠檬酸 1.972 克、谷氨酸 0.04 克、卵黄 18 毫升、甘油 6 毫升、青霉素和链霉素各 10 万国际单位、双蒸水 100 毫升。

优化的冷冻工艺是：1:2 稀释、4 小时降温、滴冻成 2 毫升大小的颗粒、37℃ 维生素 B_{12} 解冻。

用上述优化稀释液配方及冷冻、解冻程序，经随机抽测冷冻 409 天的肉用绵羊颗粒冻精，解冻后活力均在 5 以上，对 300 只当地土种母羊进行授配试验，30 天情期不返情率为 65.67%，取得良好效果。

（参考赵有璋研究结果）

第四章

绵羊繁殖季节调控技术

【核心提示】大多数绵羊品种，发情配种都有一定的季节性，在高纬度地区尤为明显。为了保证绵羊的正常繁殖，有效利用繁殖的季节性，必须熟悉和掌握绵羊繁殖季节调控的理论基础。

第一节 绵羊繁殖季节调控的理论基础

一、繁殖季节的生理学基础

绵羊多为短日照动物，繁殖活动的季节性是长期自然选择的结果，绵羊的繁殖季节，因品种、地区而有差异，一般是在夏、秋、冬3个季节母羊有发情表现。发情时，卵巢功能活跃，卵泡发育逐渐成熟，并接受公羊交配，而在非繁殖季节，卵巢处于静止状态，母羊不接受公羊的交配。

绵羊是过了夏至光照缩短后不久开始发情，纬度越靠北的地区，发情的季节性越明显，而且气温较低时比气温较高时发情开始得早，这可能和气温高时甲状腺功能降低有关。如果夏季人工缩短光照，可使绵羊发情季节提早。

1. 生殖内分泌的季节性变化

母羊在繁殖性能上存在明显的季节性变化，这种变化与激素的水平密切相关。在非繁殖季节，垂体促卵泡激素和促黄体生成素的含量减少50%。外周血浆中的促黄体生成素含量全年不断地发生变化，促乳素的变化范围与光照时间的变化范围相似。就母羊而言，发情周期第12天，垂体促卵泡激素和促黄体生成素的含量最高，仅为正常发情周期第12天垂体含量的50%。外周血液中的促黄体生成素含量是以脉动形式释放的，其脉动频率随着季节和发情周期的阶段而变化。雌二醇对促黄体生成素分泌的负反馈作用也有明显的季节性差异。在发情季节结束时，雌二醇的负反馈作用趋于增强，致使母羊进入乏情期；在乏情期结束时，雌二醇的负反馈作用趋于减弱，使发情周期得以恢复。

绵羊是根据光照长度的变化幅度来识别日照的短与长，进而影响繁殖活动。目前的研究表明，所有哺乳动物对季节性变化的感应均依赖于松果体。切除松果体的动物，季节性繁殖特征完全丧失或与外界季节性变化不同步。进一步研究表明，光照信号通过刺激视网膜，将神经冲动依次传递给下丘脑视交叉上核-室旁核-中间旁核，最后到达颈上神经节，由颈上神经节将交感传入信息传给松果体，引起褪黑素分泌发生变化，进而影响动物下丘脑促性腺激素释放激素以及垂体促性腺激素的变化，从而调节发情季节的出现和结束。因此松果体是将光照周期转变为神经信号，刺激内分泌系统发生改变，调节繁殖周期的重要部位，而由其产生的褪黑素则是发挥这种作用，调节繁殖季节的重要激素。

视网膜接收到光信号后传入松果体。光照通过调节褪黑素生物合成酶的活性来调节褪黑素的分泌。褪黑素的分泌有明显的昼夜节律,白昼低、黑夜高。每天褪黑素分泌的持续时间与接受的光照呈负相关。褪黑素信号连同光周期模式一起为动物提供了准确的季节变化信息。在短日照动物,褪黑素信号能使性腺开始活动。模拟长日照褪黑素信号,给切除松果体的公羊埋植褪黑素,70天后可重建促黄体生成素节律分泌范型。短日照褪黑素信号不能诱导正常的促黄体生成素季节性分泌模式,表明长日照褪黑素信号能够调节羊的促黄体生成素的分泌,与光暗周期的合拍性决定着绵羊每天褪黑素分泌节律的周期,而光照的抑制性作用支配着长日照和短日照时褪黑素分泌持续期的变化,但这些机制也许彼此独立起作用。

2. 繁殖活动的季节性变化

(1)母绵羊繁殖的季节性特点　母羊繁殖的季节性特点主要表现在行为、内分泌和卵巢活动的变化上,表现为两个截然不同的性季节,在繁殖季节出现有规律的发情周期,母羊表现有规律的发情和排卵;而在乏情季节,母羊则表现为性活动停止。从发情季节向繁殖季节的过渡为逐渐的过程,可先出现短周期,主要是因为第一个黄体常常在形成后5～6天提前退化。在发情季节开始和结束时,母羊的性活动规律性会减弱,主要是因为有些排卵并不伴随发情。只有在第一次卵巢周期结束后才会出现行为上的发情。安静排卵并不总与繁殖季节的开始或结束有关,有时在某些品种也可见于乏情季节的中期。在乏情季节,也会出现卵泡的生长退化,卵泡可达到正常发情周期黄体期的大小。在整个乏情季节,卵泡可产生甾体激素，这些激素可通过正负反馈作用于促黄体生成素的分泌，这与繁殖季节相似，虽然在乏情季节促黄体生成素也可出现突发性分泌，但其频率比繁殖季节低（乏情季节为每8～12小时一次，繁殖季节的黄体期中期为每3～4小时一次，排卵前促黄体生成素峰值前为每1～2小时一次，排卵前促黄体生成素峰值期间为每20分钟一次）。此外，血浆孕酮浓度也发生明显变化，乏情季节基本维持在很低水平。促卵泡激素水平在乏情季节与繁殖季节没有明显差别。

（2）公羊繁殖的季节性特点　公羊在性行为、激素水平、配子生成和睾丸大小等方面也有明显的季节性变化，但其行为和生理学变化均没有母羊明显。当母羊的排卵和发情已经停止的时候，公羊的精子生成和性活动并未完全停止，只是在冬季结束和春季时均很低。公羊对光照周期变化的敏感性与母羊不同，性活动开始的时间也比母羊早1～1.5个月，因此当母羊开始出现发情周期时，公羊的性活动已经达到很高水平。

3. 促性腺激素释放激素分泌的季节性调控

由于促黄体生成素的分泌取决于下丘脑促性腺激素释放激素的波动性分泌对垂体的刺激作用，因此光照周期可能也是通过它对下丘脑促性腺激素释放激素神经元的影响而发挥作用的。

（1）促性腺激素释放激素调控的结构基础　褪黑素作用于下丘脑中基部调节促性腺激素释放激素的波动性分泌，就大脑中褪黑素的结合位点而言，下丘脑中基部的褪黑素受体远比垂体柄远端低，但如果将褪黑素埋植到垂体柄则不能模拟出内源性褪黑素对促黄体生成素分泌的影响。大脑中60%

促性腺激素释放激素细胞位于视上区，而在下丘脑中基部只能检测到 15％的促性腺激素释放激素神经元。有研究表明，视上区的促性腺激素释放激素神经细胞因季节不同可出现形态变化，在乏情季节可出现大量树状突，而在繁殖季节时视上区促性腺激素释放激素的分布增多。绵羊甲状腺素分泌神经元具有很大的可塑性，而切除甲状腺通常能抑制绵羊的乏情。如果损伤绵羊下丘脑的前部，则可抑制季节性乏情，但对发情周期没有明显影响。下丘脑前部含有 A15 多巴胺神经元，在切除卵巢并皮下埋植雌二醇的绵羊和乏情绵羊，损伤多巴胺 A15 和 A14 神经元可刺激促黄体生成素的波动性分泌，雌二醇可增加摘除卵巢绵羊 A15 神经元细胞内多巴胺代谢产物和酪氨酸脱氢酶的浓度。雌二醇也可在长日照时刺激 A14 和 A15 神经元中 $c\text{-}fos$ 蛋白的表达，因此说明 A15 的多巴胺是绵羊在长日照时抑制促黄体生成素波动性分泌反射弧中重要的中间环节。

（2）雌二醇的作用位点　近年来，人们对绵羊乏情季节雌二醇作用于中枢神经系统，抑制促性腺激素分泌的作用位点进行了大量研究，发现促性腺激素释放激素神经元上可能没有雌二醇受体（ERα 及 ERβ）。脑内雌激素的两个受体分布区域可能具有协同作用，它们可能采用不同的机制感受到雌二醇浓度的变化。

（3）多巴胺对促性腺激素释放激素系统的调节　成年母羊在乏情季节时，多巴胺可作用于正中隆起的促性腺激素释放激素，长日照时正中隆起多巴胺浓度比短日照时高，说明这种作用可能不依赖于雌二醇。但尚未发现 A15 核团对正中隆起的这种作用有任何影响，而且该神经核团的神经终末只出现在神经垂体，这些神经终末的作用尚不明了，但可能参与多巴胺对垂体激素（如阿黑皮素原）分泌的控制，因此可能对受季节影响而分泌的激素发挥协同调节作用。在调节促黄体生成素波动性分泌中，A15 神经核团可能只通过正中隆起发挥 "depassage" 信号的作用，放大来自 A12 核团多巴胺细胞的抑制作用，而该作用则是依赖于光照周期的。

（4）其他神经递质的调节作用

① 去甲肾上腺素　在绵羊乏情季节注射去甲肾上腺素拮抗剂苯氧节胺后可使促黄体生成素的分泌增加，说明去甲肾上腺素可能参与乏情季节雌二醇对促黄体生成素分泌的反馈性调节关系的建立。

② 色胺　色胺在光照周期对绵羊促黄体生成素分泌的抑制作用中发挥调节作用。摘除卵巢后的绵羊如果埋植雌二醇，再用色胺受体拮抗剂二苯环庚啶和 ketanserine 处理，则在对促黄体生成素分泌有抑制作用的各种光照条件下均可使促黄体生成素波动的频率增加，说明色胺的这种作用可能是通过 5HT2A 受体发挥的，该受体存在于绵羊的下丘脑乳头前区。但在摘除卵巢而不用雌二醇处理的羊二苯环庚啶对促黄体生成素的分泌也有明显影响，说明色胺在季节及甾体激素影响的促黄体生成素分泌中也发挥调节作用。

③ 抑制及兴奋性氨基酸　乏情季节，抑制性氨基酸 GABA 能通过 GABA 受体刺激促黄体生成素分泌的幅度。摘除卵巢的绵羊在长日照期埋植雌二醇可在 24～48 小时后引起下丘脑中基部 GABA 浓度增加，给处于抑制性光照条件下的绵羊注射兴奋性氨基酸（天冬氨酸和谷氨酸）激动剂 NMDA，能增加公羊促黄体生成素的释放，增加母羊促黄体生成素和促黄体生成素释放激素的释放。

二、影响繁殖季节的主要因素

绵羊繁殖活动的季节性受光照、纬度、营养、气候及品种等因素的影响。虽然在温带地区光照是决定性因素，其他环境因素可能只影响乏情季节的开始和长短，但在热带地区，营养可能对季节性乏情发挥更重要的作用。虽然有研究表明，环境温度会发生很大的变化，但如果将绵羊保持在 12 小时光照 12 小时黑暗的恒定光照条件下，则持续出现繁殖活动，温度可以改变繁殖季节的开始，夏季保持在低温条件下的绵羊，其繁殖季节的开始比保持在高温条件下的早。

1. 光照

绵羊是短日照繁殖家畜，即秋分以后昼短夜长，光照缩短时绵羊开始发情配种季节。夏季缩短光照，能提前发情，秋季延长光照能提早结束配种。

（1）光照周期控制繁殖活动的神经内分泌机制

① 向非繁殖季节过渡时的激素变化　从繁殖季节向非繁殖季节过渡时，促黄体生成素、雌二醇和孕酮浓度均没有明显的变化，但在最后一个发情周期结束时，有些母羊出现促黄体生成素的异常升高，随后促黄体生成素和雌二醇浓度则维持在基础水平。繁殖季节的最后一个黄体退化之后促黄体生成素的分泌范型则与前次黄体溶解时完全不同。虽然在繁殖季节促黄体生成素的基础水平在 48 小时内均升高，但在向乏情季节过渡时，前 24 小时升高，后 24 小时则逐渐下降，而且也不出现促黄体生成素排卵峰值和雌二醇的升高。

② 乏情季节的激素变化　在整个乏情季节，孕酮浓度一直很低，也观察不到促性腺激素峰值。但是在此阶段促性腺

激素波动生成系统和卵巢仍然处于活跃状态，卵泡的发育也没有停止，因此也会出现早期卵泡发育和退化，也存在成熟卵泡。绵羊在乏情季节也存在卵泡发育波。卵泡能产生甾体激素，能够排卵，产生的雌二醇也可对促性腺激素的分泌发挥反馈性调节作用。雌二醇的分泌与繁殖季节相似，每次促黄体生成素升高之后总会伴随有雌二醇的升高。卵泡也能对促性腺激素发生反应，因此如果用外源性促性腺激素释放激素处理也可引起乏情绵羊排卵，多次注射促黄体生成素也有同样的效果。虽然促黄体生成素波动释放系统仍然具有功能，但由于促性腺激素释放激素的波动性释放受到抑制，因此促黄体生成素的波动性分泌也受到抑制，使促黄体生成素的浓度很低，甚至低于正常发情周期黄体期的浓度，也观察不到促黄体生成素的持续性升高。与繁殖季节截然相反的是，乏情季节观察不到促性腺激素释放激素和促黄体生成素波动频率的增加，说明绵羊从繁殖季节向乏情季节转换的开关与促性腺激素释放激素神经内分泌系统的变化有密切关系。

③ 从乏情季节向繁殖季节过渡时的激素变化 乏情季节末期促黄体生成素开始出现微小的升高，第一次表现发情行为前 11～15 天孕酮浓度也升高。对整个乏情季节和繁殖季节的第一个发情周期的雌激素、孕酮和促黄体生成素进行的测定表明，在乏情季节的末期，促黄体生成素浓度明显升高，这种升高一般出现在发情前 24 天，同时孕酮浓度也有升高。这些研究结果表明，繁殖季节开始时促黄体生成素浓度增加，启动了导致出现促黄体生成素排卵峰的各种变化。促黄体生成素的这种变化出现在发情前的一周内，而孕酮浓度的升高可能是由于未成熟的卵泡排卵产生的短黄体期所致。

（2）光照周期对繁殖季节的调控 绵羊乏情季节的开始

主要是由于导致排卵的排卵前变化被打断所致。有研究表明，绵羊进入乏情季节，并非由于不出现促黄体生成素峰值，给乏情季节的绵羊注射促性腺激素释放激素可以诱导排卵。目前的研究表明，出现乏情的主要原因可能是促黄体生成素的基础分泌降低，不会出现促黄体生成素排卵峰值，因此导致乏情季节的出现。在繁殖季节，排卵前每次雌二醇的升高总是伴随促黄体生成素的升高，但在乏情季节，诱导雌二醇升高时则伴随促黄体生成素水平的明显下降，说明乏情季节雌二醇对促黄体生成素的分泌具有明显的负反馈抑制作用。

在繁殖季节短日照的诱导作用下，下丘脑的促性腺激素释放激素更易发生脉冲式释放，启动促黄体生成素脉冲释放器发挥作用而使促黄体生成素的释放频率增加，而且在此光照条件下，雌二醇的负反馈作用不足以抑制促黄体生成素的释放，因此，促黄体生成素波动的频率会快速增加而诱导排卵前的各种变化和完成排卵。在乏情季节受长日照的影响，促黄体生成素脉冲释放器释放的能力降低，而且该脉冲释放器对雌二醇的负反馈作用非常敏感，结果促黄体生成素的低频释放不能进一步刺激引起雌二醇的释放，发情周期被阻断而不能出现正常的周期性发情。

浓度发生最明显变化的激素是促乳素，其最高浓度出现在长日照而最低浓度出现在短日照时，因为促乳素浓度高时常常为卵巢处于无功能活动的时间，所以一般认为促乳素浓度的季节性升高可能与绵羊繁殖功能的季节性停止有关。但也有研究表明，公绵羊在促乳素浓度低时仍可发生睾丸功能的退化，而促乳素浓度高时绵羊也可出现发情周期。

（3）光周期信号在下丘脑-垂体轴系中的传导　从前述研

究结果可以看出，绵羊繁殖活动的季节性变化主要是由于促性腺激素释放激素神经分泌系统对雌二醇负反馈作用反应性的变化，而这一变化主要是受光照长度变化的影响。但绵羊接受光照信号后在神经内分泌系统的传递及整合及其在对繁殖季节的启动和结束中的作用目前仍不十分清楚。

① 光信号传递的解剖学基础　人们对动物接受光信号并将其传递到促性腺激素释放激素生成系统的光神经内分泌途径进行了大量研究。在绵羊，光刺激首先被视网膜接受，视网膜含有光受体，这对光照控制繁殖是必不可少的。光信号从光受体经单突轴通路视网膜-下丘脑管传递到下丘脑的视交叉上核。视交叉上核的主要功能是作为内部生物钟，调节内源性的 24 小时生理节律。接受到节律系统的刺激后，光照信号通过交感神经的颈上神经节传递到松果腺，松果腺作为转换器，将光暗周期的神经信号转变为激素信号，激素则作为诱导或抑制信号，调节促黄体生成素脉冲释放系统，使其对雌二醇的负反馈作用作出反应。

② 褪黑素的作用　褪黑素是松果腺分泌的主要激素，在有些动物其他组织也可合成一定量的褪黑素，如视网膜、小肠和唾液腺等，但在大多数哺乳动物，松果腺是褪黑素的主要来源。褪黑素的分泌范型遵从一定的昼夜节律，在每日黑暗时其分泌增加，因此光线是其分泌的抑制因子，松果腺及血液循环中褪黑素的浓度在夜晚高而在白天低，动物在夜晚接受光照也能抑制褪黑素的分泌。夜晚褪黑素水平升高持续的时间可能是松果腺对激素进行光周期调控的主要信号，长日照时褪黑素升高的持续时间短，短日照时褪黑素升高的时间长。虽然褪黑素可能在繁殖轴系的不同水平发挥作用，但主要作用位点可能仍在中枢神经系统，例如可能对促性腺激

素释放激素的分泌具有直接影响，但也有研究认为，大部分促性腺激素释放激素神经元位于下丘脑的视上区，少部分位于下丘脑的中基部，因此褪黑素不可能直接影响促性腺激素释放激素的分泌。而且用褪黑素处理后促性腺激素释放激素和促黄体生成素的反应时间比较滞后，因此褪黑素和促性腺激素释放激素的分泌之间可能还有其他神经递质发挥作用，例如多巴胺、色胺和兴奋性氨基酸等。在下丘脑的乳头前区和中叶埋植褪黑素均可以引起促性腺激素释放激素及促黄体生成素发生反应，但在视上区埋植则不能引起绵羊促黄体生成素升高，也不能引起公羊促卵泡激素分泌和睾丸增大。还有研究表明，绵羊的垂体柄也是褪黑素发挥作用的主要位点，但对其在繁殖中的作用尚不清楚，可能对促乳素的季节性分泌具有调节作用。

2. 纬度

绵羊的繁殖季节和日照长度有密切关系，因而也与纬度有关。纬度 43°～44°的地带，在短日照期间进行繁殖；赤道附近，长年可以繁殖。雨量、放牧地状况和营养状况等，对绵羊发情周期的影响，实际上均是附带条件。

3. 营养

绵羊在野生的状态下，由于生活条件恶劣，都在 11～12 月发情交配，因为只有在 4～5 月青草萌发时分娩的羔羊，才有生存的可能。所以营养对配种季节的影响是明显的。如果草茂盛，膘情好时，配种季节开始得早，而且发情整齐，受胎率高。例如秋季配种，一个情期受胎率可达 80%，两个情期即可配完。如果牧草不好，营养差时，配种季节开始得晚，结束得早，发情的周期少而持续期短。

营养对绵羊的繁殖功能具有明显的影响，例如可以影响初情期的年龄，影响生育力、排卵率，胚胎存活，分娩到再次配种的间隔时间，睾丸的生长及精子生成等。营养缺乏产生的影响有时间长短上的不同，因此有些情况下母羊已失重，但对繁殖性能可能尚未造成明显影响，但如果这种情况持续几个发情周期，则可造成母羊空怀；母羊在冬春的营养水平可影响秋季发情母羊的数量。

营养对繁殖功能的调节机制极为复杂，营养水平可影响促性腺激素的分泌和清除，因此对排卵率有明显影响；营养能影响孕酮的清除，因此对怀孕率有明显影响，也影响雌二醇和抑制素等的分泌。产羔日期对繁殖季节也有明显影响，自然配种季节的开始及持续时间受前次产羔日期的影响，产羔早则随后的繁殖季节开始得早，但与其停止关系不大。

4. 温度

温度对羊的繁殖季节也有影响。绵羊的繁殖力以秋季最强，春夏下降，冬季最低。持续的高温对繁殖力的危害，比高、低温交替更为严重。

5. 品种

我国的绵羊多数在秋季发情，而湖羊、小尾寒羊可全年发情。自然和饲养管理条件改变时各种羊配种季节都可改变。

6. 泌乳

泌乳是影响繁殖季节的另外一个重要因素，正常情况下，繁殖季节严格的绵羊品种，其产羔是在乏情季节，因此这种情况下泌乳可能见不到泌乳性乏情。但是当绵羊在乏情季节诱导繁殖时，通常其会在繁殖季节产羔，泌乳绵羊卵巢功能的重新开始会延迟。哺乳对繁殖季节不是很严格的绵羊

产后乏情期的长短也具有明显的影响，去除乳腺的神经支配能缩短产后乏情期的长度。

7. 羊群社会关系

羊群内的社会关系和等级也明显影响绵羊的繁殖状态，羊只的性别对母羊和公羊的繁殖性能具有明显影响。

三、调控繁殖季节的注意事项

1. 确定产羔制度

从当地气候条件、饲料情况、管理和技术水平出发，确定实行两年三产甚至一年两产的产羔制度。理论上讲，两者都是可能的，但实行上不仅仅是技术问题，也是经济问题，不但要研究技术上的可能性，也要计算经济上的得失。

2. 确定繁殖季节

在一年中，配种、妊娠和产羔时间的安排必须根据当地条件、羔羊生长发育所需的适宜环境等因素考虑，羔羊若要实行早期断奶（1～2月），羔羊的人工哺乳必须妥善解决。

一般说来，在乏情季节诱导发情进行配种，排卵率、受胎率和产羔率都比正常繁殖季节更低，因此要权衡利弊。实行乏情期诱发发情配种，必须在不打乱自然配种季节的情况下进行，否则会因小失大。

3. 繁殖周期的调控

绵羊的生殖神经内分泌系统具有明显的年节律，在没有光照信号存在的情况下其繁殖也有季节性，因此即使将绵羊长期处于恒定的光照条件下，繁殖也能表现出明显的季节性变化的特点。若使绵羊在冬至之后以不同的时间间隔接受逐渐增长的日照，如果羊只接受长光照的时间越早，则繁殖季节越提前；相反，如果羊只接受长光照的时间越迟，则繁殖季节开始得越迟，由此说明长日照在绵羊秋季的繁殖季节开始的迟早上发挥重要作用。在冬季时，褪黑素的分泌节律与夏季不同，由此也说明褪黑素的年节律也不足以使绵羊的生殖节律同步化。

4. 光不应期

自然情况下绵羊在秋季繁殖配种时，褪黑素信号增加的持续时间延长，对繁殖功能具有刺激作用。但持续保持在短日照条件下的绵羊最终会停止繁殖活动，而持续保持在长日照条件下，本来应该对繁殖功能是具有抑制作用的，但间隔一段时间后又会出现繁殖活动。公羊也有类似的变化，如果处于正常的年光照条件下，则在夏至前虽然白昼依然增长，但对繁殖功能没有刺激作用，只是促黄体生成素、睾酮浓度和睾丸重量开始逐渐增加。在自然条件下，因与至日点的关系，同样的光照条件每年出现两次，但绵羊的繁殖活动只受到一次刺激，而另外一次虽然光照相同，但却受到抑制。由此表明，绵羊繁殖活动的开始及持续时间并不受绝对日照长度的调节，而是受绵羊最近接受的光照长度的调节。据此人们提出了光不应性的概念。此概念认为，如果动物接受固定光照较长时间，则其繁殖活动会对该光照出现光不应性。绵羊可对长日照或短日照均出现不应性，在冬末或早春出现的乏情并非由于长日照的来临而引起，可能是由于绵羊对刺激性的短日照出现不应性所致。同理，绵羊在夏末及早秋开始出现排卵，并非由于接触短日照，而是由于其繁殖功能不再被长日照所抑制。由于从乏情季节向繁殖季节过渡并不需要日照长度的减少，而且由于日照的减少延长了繁殖活动的时间，因此在自然条件下，长日照的主要作用是使繁殖季节的开始同步化，而短日照则在维持繁殖功能中发挥决定性作用。对固定光照不出现反应并非由于褪黑素分泌的节律变化所致，而更可能是由于内分泌系统对褪黑素信号的反应性发生改变所致。

第二节　"公羊效应"的应用

　　"公羊效应"是指在乏情季节或初情期，在母羊群中突然引入公羊会诱发母羊的性周期。在放入公羊后的 5 天内，处于季节性乏情的母羊会对此作出反应，会诱使相当多的个体（80%～100%）排卵，排卵高峰期是在公羊引入的第 2～3 天出现。排卵母羊中出现发情征兆的个体比例在不同的情况下有所不同，通常大约有 60% 的个体显现发情，该比例会随母羊年龄的增加而提高。第一次诱发的排卵通常受胎率不高，在放入公羊 5 天后，由于许多母羊第一次排卵形成的黄体过早地消退，就出现第二次排卵高峰（第 7～9 天）。实际上所有的母羊在第二次排卵中都出现正常的发情，且随后出现正常的黄体周期。在这之后大约间隔 21 天时出现正常的第三次发情排卵。

　　与"公羊效应"相对应的还有"母羊效应"。公羊与发情母羊的接触会使公羊的性激素分泌迅速增加，这称之为"母羊效应"。对"母羊效应"的机制目前还不完全了解，改进公羊的营养能够大大地提高公羊对母羊的这种反应。此外，母羊与母羊间也存在互作效应。

一、社会关系在动物繁殖中的意义

动物同类中与其他个体的社会关系对其繁殖功能有许多影响，而且雌雄两性都基本相似。在绵羊，这种关系主要表现在公-公、母-母和公-母的相互影响上。

1. 公-公的相互影响

公羔羊生长期间的雄性社会关系对其成年后的雄性性行为及繁殖功能有明显影响。有研究表明，如果公羔在全雄性的社会关系中长成，则有利于其在雄性群体中社会关系的形成，但可阻止或延缓其对雌性兴趣的表现。如果公羔羊在3～6月龄时与母羊分开，可明显延迟第一次交配的时间。雄性刺激也对公羊的繁殖性能具有直接影响，观察其他公羊的求偶及交配行为对公羊的繁殖性能没有明显改进，这与在牛、山羊、猪和马相反，但与新近交配过的公羊接触则能改进其繁殖行为。这些研究结果表明，公羊与发情母羊交配后可发出对母羊的嗅觉刺激。

2. 母-母的相互影响

在乏情季节，绵羊群中如果持续存在表现发情的母羊或者突然引入发情母羊（通常为激素处理），则一般能引起或诱导这些羊的发情及排卵同期化，使繁殖季节的开始提前，这种现象可称为社会强化作用，因为刺激主要是来自与雌性的社会关系，目前许多人将这种关系称为"母-母效应"。由于在对"母-母效应"的研究中，大多数情况下是羊群中同时有公羊存在，一般认为这种效果是通过公羊发挥的，因此发情母羊的作用可能是先刺激公羊，由其再反过来更有效地刺激乏情母羊。但除了这种雄性介导的效应外，也可能有直接的"母-母效应"。研究表明，发情羊与乏情羊的比例可能对诱导乏情羊开始同期发情是十分重要的。如果乏情母羊与未表现发情的母羊接触则对乏情羊的繁殖状态没有明显影响。

3. 公-母的相互影响

有研究表明，在公羊群中突然引入发情母羊可引起公羊的行为和内分泌发生明显变化，这种效果称为"母羊效应"，母羊的存在通常能刺激性活动水平，可引起促黄体生成素和睾酮浓度增加，而且这种效果在乏情季节更为明显，但在公羊之间没有表现这种效果，而且未发情母羊似乎也能刺激出这种反应。"母羊效应"甚至可出现在母羊年龄很小时。有研究表明，母羊在断奶后的初情前接触公羊羔能够促进其性行为。周岁公羔如果与发情母羊接触6个月，若和与母羊隔离的公羊相比，其睾丸明显较大，血浆睾酮浓度较高，性活动能力明显较强。

二、"公羊效应"的来源及性质

从目前的研究可以得出，"公羊效应"的主要刺激来自于公羊同继续表现发情周期时产生的外激素和求偶过程中产生的行为刺激。在此过程中母羊通过嗅觉、视觉、听觉和触觉感知这些刺激，而且这些感觉系统发挥协同作用，此外也可能与母羊和公羊身体接触时的应激状态有关。

1. 外激素刺激

对"公羊效应"进行的研究很多，"公羊效应"可能主要是通过外激素发挥作用的，而这些外激素可能存在于公羊的毛中，但与公羊的尿液无关。

2. 行为刺激

多年以来人们一直认为，"公羊效应"是通过外激素介导的，而其他系统发挥的作用则极少，但也有人注意到行为刺激可能也发挥一定的作用。如果用手术方法破坏嗅球，母羊仍能对公羊发生反应而出现类似的促黄体生成素分泌，说明非嗅觉刺激也在"公羊效应"中发挥重要作用，也能与外激素一样启动同样的生理反应。公羊与母羊用不透明的围栏隔离，则母羊的反应比用透明围栏隔离微弱，而公羊与母羊完全接触时则刺激效果最好，说明可能公羊的各种刺激都发挥一定的作用，而两性的身体接触可能更有利于公羊释放刺激物而引起"公羊效应"。

3. 应激刺激

应激对动物的繁殖性能也有明显影响。一般来说，各种应激因素均可降低农畜的繁殖性能，例如在绵羊，应激可引起促黄体生成素波动频率下降，高温、重复进行腹腔镜检查等均能抑制或延迟排卵前促黄体生成素峰值的出现和排卵。但也有研究表明，长途运输对绵羊的应激刺激可以诱导其排卵。

三、"公羊效应"的内分泌反应

引入公羊后母羊出现的内分泌反应首先是在 2～4 分钟内促黄体生成素分泌增加，10～20 分钟后出现促黄体生成素峰值，之后促黄体生成素波动的频率增加，维持至少 12 小时，24 小时后开始下降，此后维持在低水平。随着促黄体生成素波动频率的增加，其脉冲幅度下降。与促黄体生成素相反，促卵泡激素的分泌没有变化或者维持很低浓度。引入公羊之后首先出现促黄体生成素波动频率增加，之后波动幅度下降，这与卵泡期出现的变化相似。促黄体生成素波动频率的增加是"公羊效应"的关键反应，由此导致出现促黄体生成素排卵峰，最后引起排卵。

四、卵巢活动及发情的开始

引入公羊后很快开始启动卵泡发育并成熟，卵泡发生的形态变化与正常发情周期相似，但从引入公羊到排卵的时间比发情周期的卵泡期短，大多数绵羊在 50～65 小时内排卵，反应时间的变化范围为 30～72 小时。从出现促黄体生成素峰值到排卵的间隔时间比较恒定，为 22～26 小时，但发情的同步化程度在第一次发情时较低，通常时间跨度为 10 天左右，发情的峰值出现在引入公羊后 18～24 天。研究表明，公羊诱导的第一次排卵常常不伴随有发情行为，排卵之后形成的黄体通常在一些绵羊正常而在另外一些绵羊则可能短寿，由此导致短周期和安静排卵，但随后的黄体则会正常。

五、短周期及安静排卵的原因

由于黄体异常而出现的短周期见于初情期开始时、产后乏情期后的发情周期、季节性乏情而用促性腺激素释放激素诱导排卵的母羊等。如果将经"公羊效应"刺激排卵的绵羊或用促性腺激素释放激素处理排卵的绵羊用孕酮预处理，则形成的所有黄体均具有正常功能，而且产生正常的黄体发育至少需要 30 小时的高浓度孕酮作用。孕酮的主要作用可能是抑制促黄体生成素峰值的出现，因此使排卵后形成的黄体能更多地接受促性腺激素的刺激，能完全达到成熟。

六、预先隔离公羊的必要性

自从发现"公羊效应"后，人们一直认为，为了获得最好的效果，母羊必须是无卵泡活动，而且必须要与公羊隔离一定时间才能对引入公羊发生良好的反应。

七、公羊刺激的时间

虽然在引入公羊后很快会出现促黄体生成素分泌的增加，但促黄体生成素只有在公羊存在时才能保持较高浓度。由于促黄体生成素的升高对发生排卵是必不可少的，因此公羊必须持续存在才能诱导母羊发生排卵，一般来说在生产实际中公羊应该一直存在到母羊发生排卵为止，这样才能最大限度地发挥"公羊效应"。如果公羊仅存在8小时或24小时后与母羊隔离，则排卵母羊的比例会明显降低。公羊的持续存在对第一次排卵后正常发情周期的维持也是必需的。虽然有公羊存在，但有些母羊仍然会在表现1~2次正常的发情周期后再次乏情。

八、影响乏情母羊反应的因素

1. 与母羊有关的因素

影响母羊对"公羊效应"出现的反应差异的主要原因是母羊乏情的深度。虽然在生产实际中很难对个体乏情的程度进行测定，但其群体的状况可以通过羊群中能自发性排卵的母羊的比例反映出来。母羊的乏情基本包括两类：一类为安静乏情，主要见于乏情季节开始时，主要特点为促卵泡激素浓度高，卵巢上存在正常卵泡；另一类为深乏情，见于乏情季节中期，主要特点是血浆促卵泡激素浓度低，有腔卵泡的数量明显较少。绵羊的品种和乏情季节的不同阶段是影响乏情深度的决定性因素，因此在一群绵羊中，品种与时间可能相互作用，影响一定时间自发性排卵母羊的比例。表现发情周期循环的母羊越多，则其对引入公羊的反应越好。

影响"公羊效应"的另外一些关键因素是母羊的年龄、前次产羔的时间和断奶的时间。一般来说，成年经产母羊的反应较高，青年母羊在春季对引入公羊时的反应较差；产羔较早的母羊反应较好，断奶较迟时会延长产后乏情的时间。

2. 与公羊有关的因素

公羊本身对"公羊效应"的发挥也有明显影响。公羊的品种、年龄和性经验等均对"公羊效应"的效果有明显影响。在不同的品种中，无角陶赛特"公羊效应"是最为有效的。成年公羊的"公羊效应"比青年公羊更好。此外，季节对"公羊效应"的发挥也有明显的影响。

第三节 绵羊激素处理技术

一、孕激素-孕马血清促性腺激素合并处理

孕激素-孕马血清促性腺激素合并处理是目前绵羊诱导发情的一个主要方法，对母羊同时使用孕激素，它们在血液中保持一定水平，抑制卵泡的发育和发情，经过一定时期同时停药，随之引起发情。同时在应用上述药物基础上配合使用促性腺激素，促进卵泡的生长成熟和排卵，使发情排卵率达到较高程度，得到较好的受胎率。绵羊可用的药物种类及参考用量一般为：甲孕酮 40～60 毫克，甲地孕酮 40～50 毫克，

18 甲基炔诺酮 30～40 毫克，氯地孕酮 20～30 毫克，氯孕酮 30～60 毫克，孕酮 150～300 毫克。

孕激素可通过阴道海绵栓、饲喂及肌内注射等几种方式给药。

① 口服法。每日将定量的孕激素药物拌在饲料中，通过母羊采食服用，持续 12～14 天。最后一天口服停药后，随即注射孕马血清促性腺激素 200～600 国际单位。

② 肌内注射或埋植法。每日按一定药物用量注射到被处理羊的皮下或肌肉内，或埋植到皮下，持续 10～12 天后停药。

③ 阴道栓法（CIRDs）。用长柄钳置于母羊子宫颈口，细线的一端引至阴门（便于拉出），经 12～14 天后取出，当天肌内注射 400～500 国际单位孕马血清促性腺激素，2～3 天后被处理的母羊表现发情。当天和次日各输精一次，或同公羊进行自然交配。据报道，孕酮阴道栓制剂可有效地诱导母羊发情，在乏情季节的发情率为 83％，哺乳母羊和断乳母羊的发情率分别为 33％和 100％，长期不发情的母羊发情率为 85％，且发情母羊的情期受胎率可达 100％。

二、褪黑素处理

最初人们利用光照的调节来改变绵羊繁殖的季节性，从而达到提高繁殖率增加产羔数的目的。但与自然放牧的羊群相比，进行人工光照处理需建设密闭羊舍，增加光照设施加大了投资成本，限制了这项技术的推广应用。近年来随着褪黑素人工合成的成功，人们逐渐采用人工光照与褪黑素处理相结合的方法来调节动物繁殖的季节性，实现在非繁殖季节使公羊处于高精子发生的活性状态，而使母羊处于发情状

态，故而产生了巨大的经济效益。

三、前列腺素处理

利用前列腺素使黄体溶解，中断黄体期，从而提前进入卵泡期，使发情提前到来。具体方法是，直接按绵羊适用剂量肌内注射前列腺素 F2α，每只每天 2 次。前列腺素只对卵巢上存在黄体的母羊有效。对于周期第 5 天以前的黄体，前列腺素并无溶解作用。所以现在常用两次处理，第一次处理后，表现发情的母羊不予配种，经 10～12 天后，再对全群羊进行第二次处理，这时所有的母羊均处于周期第 5～18 天。故第二次处理后母羊同期发情率显著提高。但应注意，前列腺素制剂不同，给药方法不同，其用药剂量也不相同。用前列腺素处理后，一般第 3～5 天母羊出现发情，比孕激素处理晚 1 天。因为从投药到黄体消退需要将近 1 天。

四、甲状腺素的作用

甲状腺素在季节性繁殖中发挥重要作用。研究表明，绵羊在乏情季节后期摘除甲状腺后可正常进入繁殖季节，且在随后的发情及乏情季节中表现有规律的发情周期，这种状况可维持 1 年以上。其实甲状腺素不仅仅影响向繁殖季节的过渡，而且繁殖季节的终止也需要甲状腺素，因此如果缺少该激素，则不会出现季节性繁殖节律。甲状腺素可能作用于大脑，引起促性腺激素释放激素神经分泌系统的形态发生改变。因此摘除甲状腺后对繁殖功能的影响可能不是通过影响甾体激素的代谢而引起的。摘除甲状腺后能引起雌二醇对促性腺激素释放激素释放的负反馈调节作用加强。

第五章 ▶▶▶

绵羊频密产羔技术

【核心提示】绵羊的频密产羔技术，是集营养、管理和繁殖技术于一体，高强度提高绵羊繁殖性能的一项综合技术，该技术主要是缩短相邻两胎产羔间隔时间，使绵羊一年四季均可发情配种，全年均衡产羔，增加绵羊产羔数，高效发挥羊只繁殖效率，达到高繁目标。

第一节　绵羊频密产羔的生理学基础

绵羊的妊娠期短，具有多产的潜在可能性。在现实条件下，因光周期的季节性差异，绵羊表现为短日照季节性发情，大多数地区的绵羊每年仅产一胎，排卵率也往往低于其生物学潜力。因此，绵羊高频繁殖，需要基于绵羊繁殖生理学基础，并应用现代繁殖生物技术才能实现。

母羊在产后期会发生一系列解剖生理学变化，其中生殖内分泌的变化直接关系到卵巢周期的恢复和生殖功能的重建。因此，掌握绵羊产后生殖调控特点，对于缩短产羔间隔，提高绵羊繁殖效率具有重要的意义。

一、产后生殖器官的变化

1. 子宫

产后期子宫的变化最为剧烈。整个妊娠期，子宫所发生的各种适应性变化都要在产后期逐渐恢复到正常未孕的状态，这称为子宫复旧。子宫复旧与卵巢功能的恢复有着密切的关系。卵巢如能出现卵泡活动，即使不排卵，也会大大提高子宫的紧张度，促进子宫的变化。

产后子宫复旧是渐进的，由于子宫肌纤维的回缩，子宫壁由薄转厚，逐渐恢复至未孕时的状态。绵羊产后子宫复旧较快，但由于产羔数不同，复旧时间有所差别，但一般来说复旧时间与产羔数成反比。绵羊恶露不多，在产后4～6天停止排出，子宫基本复旧在产后至少24天才能完成。

绵羊在春季产羔后，其子宫在秋季繁殖季节到来之前具有较长的时间（7个月），为下次怀孕做好准备。在春季，产后早期子宫中的血液可以发生自溶，产后出血在子宫中形成的残留物质则由于不能通过子宫颈而残留在子宫中。由于绵羊的子宫颈闭合较为紧密，因此这种现象更为明显，尤其是在春季产羔之后进入乏情季节，子宫活动性降低，子宫颈紧闭。绵羊在春季产羔之后用阴道内海绵处理可能不是最佳的处理方法，海绵可能会成为子宫中残留物通过的屏障，因此可能妨碍子宫复旧，也不利于阴道黏膜吸收孕激素。

（1）季节和哺乳对子宫复旧的影响　虽然在产后12～25天有些绵羊可以发生排卵，但在繁殖季节子宫复旧和上皮生长一直要到产后26天才能完成，而在乏情季节，干奶羊则一直要到产后30天，哺乳母羊要到产后36天才能完成子宫复旧。

（2）绵羊产后期的正常受胎率　用腹腔镜输精技术将精液输入到子宫角的尖端而不通过子宫颈和子宫体，可以有效地缩短绵羊从产羔到受精的时间，但产羔后28天之前诱导排卵及输精时的羊只均不能使母羊怀孕，而且多发生黄体功能不全。

（3）激素处理对排卵率的影响　产后注射各种激素（孕酮、17β-雌二醇、前列腺素F2α及催产素）对子宫复旧没有明显影响。对绵羊在产后期孕酮对子宫催产素受体介导的有关变化进行的研究表明，产后卵巢活动的早期恢复以及由此导致的孕酮发挥作用对子宫复旧及再次怀孕还有不良作用。

（4）受胎率与配种方法　绵羊非繁殖季节配种的受胎率受配种方法的影响，子宫内输精可以提高在乏情季节诱导发情后配种的受胎率。例如绵羊在春季产羔之后诱导发情进行子宫内输精，80％的母羊可在11月份产羔，由此获得的受胎率比自然配种及常规子宫颈输精（精子数量约增加4倍）要高2倍。

2. 卵巢

绵羊在产后进入长时间的乏情阶段，但此阶段卵巢的活动仍很活跃。在整个乏情期，都可看到生长到排卵前大小（直径25毫米）的卵泡。

3. 黄体功能

绵羊在产后期，第一次排卵的主要特征是雌激素的峰值浓度在泌乳羊比未泌乳羊低，促黄体生成素排卵峰也低，由此形成的黄体产生的孕酮也较低。泌乳及不泌乳的产后绵羊，在产后期形成的黄体大多数持续时间短。产后早期的绵羊如果诱导排卵则常常发生黄体功能不全，而这种情况并非由于孕酮或/和促性腺激素的作用不足所引起。

绵羊产后第一个卵巢周期持续时间较短的主要原因是：①由于子宫前列腺素 F2α 的释放时间和数量增加而产生溶黄体作用；②促黄体生成素的释放不足，因此卵泡不能充分发育成熟。虽然产后早期绵羊的繁殖功能不健全，但大约 60% 的母羊在产后 21 天诱导发情时能够表现正常的黄体功能，其产生的孕酮浓度与母羊产后 150 天左右的相当，这表明黄体功能不全并非唯一影响产后不能再次怀孕的原因。如果将高质量的胚胎移植给产羔后 21 天诱导排卵并表现正常黄体功能的受体母羊，其仍然不能建立正常的怀孕，表明可能与子宫内环境有关。但有的研究证明，产后 24 天可以通过腹腔镜子宫内输精使其卵母细胞受精，将由此产生的胚胎移植给子宫环境正常的受体之后可以怀孕。

二、产后生殖激素的变化与卵巢功能的恢复

正常情况下，绵羊分娩后即进入长时间的乏情期，直到下一个发情季节才又开始发情。在整个乏情期，母羊仍有卵泡发育至排卵前大小（25 毫米）；乏情期初期，直径 23 毫米的卵泡总数低于乏情期中期，因此，小卵泡（3 毫米）和中等卵泡（4 毫米）数量明显较少。直径 25 毫米的大卵泡在闭锁前呈现波动性生长，卵泡波中最大卵泡的生长速度随绵羊乏情期的早期向晚期进程而明显增加。此外，直径小于 3 毫米的卵泡表现出有组织的生长和退化模式，它们的数量在卵泡波出现当天和前 3 天有下降趋势。有些母羊在整个乏情期均能合成孕酮。这种次高水平的孕酮呈现不规则的间歇性分泌，且不伴随有促性腺激素释放激素的浓度、排卵或形态上

有腔卵泡黄体化等相应变化。可见羊乏情期有腔卵泡生长到排卵时的大小这一变化过程在乏情期一直都存在，且乏情期中期的中小卵泡数量有暂时性变化，大卵泡（25毫米）的卵泡波周期与内源性促卵泡激素分泌同步。进入乏情晚期的母羊，其大卵泡数量高于乏情早期，而促卵泡激素峰值则在发情晚期高于乏情早期。6月份时，促黄体生成素分泌量及促黄体生成素的脉冲频率最低。在乏情期，雌二醇生成明显受到抑制。孕酮出现有规律的分泌峰值，这与相继出现的卵泡波中优势卵泡的生长有关。乏情季节的启动与乏情期生长的有腔卵泡数量和大小呈相反的关系，说明乏情早的绵羊与乏情晚的绵羊在卵巢对促性腺激素应答及分泌方面存在差异。

绵羊从乏情季节过渡到繁殖季节（6月中旬到8月初），在排卵前，母羊血浆孕酮浓度明显升高，然而卵巢上检测不到黄体的存在，说明在第一次排卵前，孕酮分泌增强不是来自于成熟卵泡排卵后形成的黄体，而有可能来自于黄体化的未排卵卵泡，或是由卵巢间质组织所产生的。促卵泡激素分泌并没有受到母羊乏情期终止的影响，其周期性波动伴随卵泡波的出现而变化。繁殖季节的第一次排卵前17天内卵泡不会有明显的变化，首次排卵后，小卵泡数量明显减少。与繁殖季节中期相比，繁殖季节的第一次发情无论是排卵率、黄体数，还是血浆孕酮浓度都相对较低，但排卵卵泡的直径相同。进入繁殖期后，分泌能力基本完全恢复，在第一次发情开始之后才与最大的有腔卵泡生长同步发生。血浆孕酮的增加没有改变卵泡波生长的模式，可能主要起诱导发情行为的作用，并与排卵前的促黄体生成素波同步，阻止黄体期中黄体的过早溶解；孕酮还可能发挥局部调节机制来增强卵泡对促性腺激素应答的作用。

　　绵羊产后卵泡发育和排卵受季节、泌乳、哺乳强度、营养状态和品种等因素的影响，但目前对其产后期的内分泌特点研究得还不是十分清楚。绵羊在产后期垂体促黄体生成素的分泌减少，怀孕期垂体促黄体生成素的含量可以减少到未孕时的20%。

三、产后期生殖激素的变化范型

1. 垂体对促性腺激素释放激素反应性的品种差异

　　垂体对促性腺激素释放激素的反应性存在明显的品种差异。例如芬兰兰德瑞斯绵羊在乏情季节产羔时，其在分娩后6~8周垂体对促性腺激素释放激素的反应性恢复正常，但在乏情季节产羔的罗姆尼绵羊在相同的时间内这种反应性只有部分恢复。

　　繁殖季节给产后不排卵的泌乳母羊连续注射促性腺激素释放激素可以诱导其排卵，说明产后期母羊不能排卵可能是促性腺激素释放激素分泌不足。母羊在产后乏情和季节性乏情时垂体对促性腺激素释放激素的反应性极为相似，但在产后期早期，采用孕激素处理的母羊并不总是能够出现行为上的发情，排卵之后也并不一定能够形成正常黄体。

2. 促黄体生成素

　　绵羊怀孕末期几乎检测不到促黄体生成素，产后第2天促黄体生成素的基础平均值较低，在哺乳母羊和非哺乳母羊都是如此。此后，促黄体生成素基础水平逐日上升，且在非哺乳母羊比哺乳母羊上升更快。促黄体生成素基础水平的升高可能是促黄体生成素脉冲式分泌所致，产后第3天促黄体生成素分泌脉冲的频率，在非哺乳母羊比哺乳母羊更高。产后 2 周时，促黄体生成素分泌脉冲的频率和幅度在非哺乳母羊基本保持不变，但在哺乳母羊脉冲的幅度明显增大，脉冲的频率也轻微上升。在产后第一个促黄体生成素峰出现之前 4 天内，促黄体生成素脉冲式分泌状况基本无多大差别。

非哺乳母羊产后第一个促黄体生成素峰〔产后（10±2）天〕出现的要比哺乳母羊〔产后（17±1）天〕早约 7 天。哺育羔羊的数目对促黄体生成素峰的出现时间影响不大，在产后第一个促黄体生成素峰出现后，促黄体生成素的基础水平在各种生理状态的母羊都基本相似。

绵羊在产后早期卵巢活动逐渐恢复，产后一周促乳素水平逐渐增加，促黄体生成素的基础浓度逐渐增加。如果产后没有卵巢活动，则主要原因可能是下丘脑-垂体轴系对雌激素的负反馈作用的反应性降低，这与乏情期摘除卵巢的绵羊相似。绵羊在产后期雌二醇对促黄体生成素的释放具有抑制作用（负反馈），而季节性乏情和产后乏情可能是由于雌二醇的抑制而使得促黄体生成素的基础浓度降低。

产羔之后控制绵羊排卵的内分泌机制暂时不能发挥正常作用。随着产后期的进展，对注射雌激素发生反应而出现促黄体生成素峰值的母羊数量逐渐增加。有研究证明，在绵羊，内源性类阿片活性肽和雌二醇的正反馈作用之间有一定联系。

3. 促卵泡激素

怀孕末期，不同个体之间的促卵泡激素浓度差异很大，但在哺乳与非哺乳母羊间并无显著差异。从产后第 2 天开始，促卵泡激素分泌开始增加，一般到产后 4 天时促卵泡激素上升到与排卵前峰值相当的水平，这种变化基本呈线性上升，上升的斜率在哺乳与非哺乳母羊间无显著差异。之后，促卵泡激素水平降低并以 4～6 天为周期呈波状规律变化，这与正常发情周期促卵泡激素的变化规律基本相似。

4. 催乳素

非哺乳母羊催乳素水平在产后第 4 天较低，且一直保持在与正常发情周期相似的水平，直到正常的发情周期恢复。哺乳母羊催乳素不受哺育羔羊数量的影响，基本从第 4 天开始上升，产后第 2 周开始下降。

绵羊母羊和公羊在乏情季节血液循环中促乳素水平都升高，泌乳期促乳素水平升高，尤其是在刚分娩后哺乳时更为明显。当血浆促乳素水平低时，绵羊可以尽早恢复产后期的卵巢活动。虽然这种关系有时并不十分明显，但也说明产后期生育力的降低与高促乳素水平有一定关系。

四、影响产后生殖功能恢复的因素

1. 丘脑下部-垂体-卵巢轴系的调节

分娩之后，血浆孕酮和雌二醇水平急剧下降，解除了对丘脑下部和垂体的抑制作用。一般到产后 2 周，神经调节系统各部分功能已经恢复活动，但垂体对促性腺激素释放激素分泌的反应性不同。内源性促性腺激素释放激素起初以低频释放，作用于垂体前叶，刺激促卵泡激素的合成和释放增加；当促性腺激素释放激素的脉冲频率达到每小时 1 次时才可引起垂体促黄体生成素的分泌反应。丘脑下部促性腺激素释放激素释放的脉冲频率和血浆促性腺激素释放激素水平，是促黄体生成素和促卵泡激素释放比率的重要调节因子，也是产后早期雌激素对促卵泡激素和促黄体生成素正反馈调控建立的先决条件。随着垂体促卵泡激素和促黄体生成素释放脉冲频率的增加，血浆促卵泡激素和促黄体生成素水平亦逐渐升高。产后促黄体生成素的脉冲式释放，对于刺激卵巢恢复周期性活动十分重要，促卵泡激素也是重要的卵巢周期性活动调节因子。

在分娩前数日，血浆孕酮浓度因黄体退化而开始急剧下降，产后几天内即降低到基础水平，直到产后第一次排卵。分娩即将开始时，血液中雌二醇水平急剧升高，分娩时达到高峰。分娩之后，胎儿胎盘分泌停止，血液中雌二醇水平迅速下降。

总的看来，丘脑下部-垂体-卵巢轴系的功能活动在产后 2 周恢复。卵巢受促黄体生成素和促卵泡激素脉冲分泌的刺激，出现卵泡发育并产生雌激素；雌激素通过正反馈作用于垂体，增强垂体促性腺激素对促性腺激素释放激素的反应，并诱导促黄体生成素释放。当出现促黄体生成素排卵峰后，就可引起排卵，形成正常的黄体周期或短周期。

2. 其他激素的调节

（1）产后前列腺素 F2α 的分泌特点及对子宫和卵巢活动的影响　产后前列腺素 F2α 大量释放的持续时间影响子宫复旧和卵巢活动。血浆中高水平前列腺素 F2α 的持续期，与子宫复旧和卵巢产后首次排卵、出现正常黄体周期所需要的时间呈显著负相关。前列腺素 F2α 释放的时间愈长，子宫复旧愈快，产后首次排卵和恢复正常黄体周期愈早。产后前列腺素 F2α 的释放与产后短黄体周期的发生也有一定关系。

（2）产后催乳素的分泌特点及其对卵巢活动的影响　虽然多数研究认为，催乳素并非限制卵巢活动的主要激素，但促性腺激素释放激素在刺激垂体释放促性腺激素的同时，也刺激催乳素的释放，而催乳素对垂体合成与释放促性腺激素有拮抗作用。绵羊产后哺育羔羊，引起血浆催乳素水平升高，导致哺乳不育症。

3. 其他因素

（1）哺乳　哺乳可使绵羊产后催乳素分泌增加，导致高催乳素血症，抑制卵巢功能。皮质醇是维持泌乳的重要激素，哺乳、挤乳或人工刺激乳头均可导致血浆皮质醇水平升高，而皮质醇则能抑制促黄体生成素的释放。

哺乳对产后乏情期的长度具有重要影响。早期断奶可以缩短产后卵巢恢复功能的时间，但能延缓子宫的复旧，营养和季节可以影响哺乳和泌乳的抑制作用。

产羔后头2周的哺乳频率与产后乏情期的长度直接相关，当2个羔羊哺乳时，产后诱导发情时的生育力明显较低。哺乳对母羊的刺激可能使血液循环中促乳素水平升高，从而影响产后期促黄体生成素的释放，产后挤奶而不哺乳时，产后乏情期可以明显缩短。

（2）营养状况　营养不足影响母羊产后的发情。蛋白质摄入量不足，可降低垂体对促性腺激素释放激素的反应性，使促性腺激素分泌减少，导致产后乏情期延长。矿物质和维生素缺乏也能影响产后发情，而能量摄入不足对维持生殖功能似乎比蛋白质更为重要。另外，季节的变化也可通过对促性腺激素释放激素和促性腺激素分泌的影响，进而影响绵羊的产后发情。

（3）季节　虽然在产后12～25天有些绵羊可以发生排卵，但在繁殖季节子宫复旧和上皮生长一直要到产后26天才能完成，而在乏情季节，干奶羊则一直要到产后 30 天，哺乳母羊要到产后 36 天才能完成子宫复旧。显然为了获得频密产羔，获得 6 个月的产羔间隔，必须认真考虑这些问题。虽然有些羊只可在上次受胎之后的 6 个月内再次受胎，但关于子宫复旧时间的研究表明，子宫的复旧可能需要的时间太长，因此整群羊要获得 6 个月的产羔间隔是十分困难的，最短也可能需要 7 个月。

第二节 绵羊频密产羔技术和产后发情调控技术

现代养羊业的一个突出特点是从饲养、管理、繁殖及生活环境等方面对羊群进行有效调控，以提高其生产性能和繁殖率。随着生产集约化程度的不断提高，人们对绵羊的生命活动控制程度越来越高，绵羊受自然条件的影响也越来越小。国际上兴起了动物繁殖人工控制技术的研究，将现代繁殖新技术，如同期发情、早期断奶、泌乳控制及产后发情调控等技术，应用于绵羊繁殖生产中，可有效缩短绵羊繁殖周期，实现两年三产甚至三年五产，以提高绵羊产羔率，提高经济效益。

一、频密产羔技术

1. 孕激素-孕马血清促性腺激素处理技术

绵羊采用繁殖调控技术时，有许多方面必须仔细考虑。例如，阴道内孕激素海绵栓处理可能不适合于产后期早期，因为此时需要从子宫中排出许多碎片，子宫需要复旧等。泌乳母羊在处理时应该采用高剂量的孕马血清促性腺激素，但这样处理的结果可能使排卵率的差异加大，同时排卵时间的差异也很大。这种对排卵过程的影响也可使春季产羔的母羊生育力降低，由于释放的卵子异常，因此受精率也可能降低。

采用含孕激素的体内药物控释装置结合孕马血清促性腺激素处理对诱导非繁殖季节及繁殖季节的产后早期绵羊的发情及排卵十分有效，这种同期发情技术在产后 21 天及 35 天时也同样有效，而且其效果不受季节和泌乳状态的影响。采用体内药物控释装置时，阴道内的液体可以不受阻碍地流出，因此对绵羊的子宫复旧不会有不利影响。研究表明，绵羊在产后期采用的孕激素和孕马血清促性腺激素的剂量应该与其他时间采用的有所不同。

2. 褪黑素及光照处理技术

可以用褪黑素刺激春季产羔泌乳绵羊产后期的繁殖活动。怀孕后期及产后期早期注射褪黑素对产奶没有明显影响。但用促性腺激素释放激素处理之后接受褪黑素处理的羊与对照羊相比，释放的促黄体生成素并不增加，说明褪黑素对促性腺激素释放激素诱导的促黄体生成素释放没有明显影响。褪黑素可能在春季产羔的母羊产后早期不是控制其恢复发情的主要因素。

3. 光暗调控处理技术

采用光照调控的方法（配种时提供类似于秋季的光照），同时结合标准醋酸氟孕酮-孕马血清促性腺激素处理方法诱导母羊发情，可以诱导泌乳母羊每年出现两次繁殖。

如果采用舍饲，则可以比较精确地控制光照环境。但应注意的是，在调控绵羊繁殖的光照处理中，长短光照的变化应该有节律。如果完整的生产周期（即从产羔到产羔）为240天（两年产3次羔），则光照的变化应该尽量模拟这一期间正常365天室外所发生的光照变化。对秋季产羔绵羊的研究表明，哺乳及泌乳对其受胎率影响不大。秋季时，这些羊只在产后2个月可以恢复配种，而且受胎率较高。

秋季和春季产羔的绵羊其生育力之所以有明显差别，其原因之一可能是秋季产羔的绵羊在表现完整的发情之前一般会出现一段安静发情。安静发情时的激素变化可能对子宫复旧有重要作用，因此母羊在达到完整发情时其生殖道已经完全适合于怀孕。如果在春季产羔，则产后绵羊多不出现安静发情。

4. 诱导发情技术

诱导发情是采用激素和管理措施等方法，诱导性成熟母羊发情和排卵的技术。在非繁殖季节，合理利用诱导发情技术，可以增加绵羊妊娠率，提高其繁殖力，使其一生中可繁殖更多后代。具体参考第二章第六节。

二、产后发情调控技术

在产后，母羊下丘脑-垂体-卵巢轴和生殖道均需要从妊娠与分娩状态中恢复。产后哺乳会抑制母体卵巢功能，哺乳期长短直接影响绵羊的首次发情。一般而言，绵羊在羔羊断乳后2周开始出现发情。在绵羊产后30天左右实施断乳，耳背皮下埋植60毫克18-甲基炔诺酮药管，维持9天，在取出药管前48小时，肌内注射孕马血清促性腺激素15国际单位/千克体重，同时再以2毫克溴隐亭间隔12小时分2次注射，母羊出现发情时，静脉注射促黄体生成素释放激素 10 微克/只并配种，诱导发情率可达 90％以上。

三、频密产羔技术的应用

绵羊频密产羔技术是在充分利用现代营养学、饲养学和繁殖新技术的基础上发展起来的一种新型繁殖生产体系，其技术原理是建立在发情调控原理基础上的。除了采用外源性激素处理外，充分利用母羊产后发情的有利时机，采取抗孕酮的被动免疫等措施，也是提高绵羊产羔频率的有效方法。频密产羔技术是由诱导发情和同期发情等技术组合而成的，实施时必须与羔羊早期断乳、母羊营养调控和"公羊效应"等技术措施相配套，才可达到最佳的效果。一亏二平三盈利产羔体系比较示意见图 5-1。

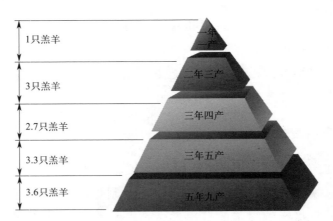

1 只羔羊　一年一产
3 只羔羊　二年三产
2.7 只羔羊　三年四产
3.3 只羔羊　三年五产
3.6 只羔羊　五年九产

图 5-1　不同产羔体系比较示意图

1. 两年三产体系

要达到两年三产，母羊必须 8 个月产羔一次（图 5-2）。该生产一般有固定的配种和产羔计划，如 5 月份配种，10 月份产羔；1月份配种，6月份产羔；9月份配种，翌年2月份产羔。羔羊一般是2月龄断乳，母羊断乳后1个月配种。为达到全年均衡产羔，在生产中，可将羊群分成8个月产羔间隔相互错开的4个组，每2个月安排一次生产。如果母羊在第一组内妊娠失败，2个月后可参加另一个组配种。用该体系组织生产，生产效率比一年一产体系增加40%，该体系的核心技术是母羊的多胎处理、发情调控和羔羊早期断乳。

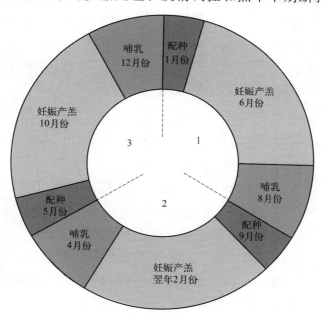

图 5-2　两年三产体系示意图

2. 三年四产体系

三年四产体系是按产羔间隔9个月设计的，由美国一个试验站首先提出。这种体系适用于多胎品种的母羊，一般首次在母羊产后第4个月配种，以后几轮则是在第3个月配种，即5月份、8月份、11月份和翌年2月份配种，1月份、4月

份、6 月份和 10 月份产羔。全群母羊的产羔间隔为 6 个月和 9 个月。

3. 三年五产体系

三年五产体系又称为星式产羔体系，是一种全年产羔方案，由美国康奈尔大学设计提出。羊群可分为 3 组，第 1 组母羊在第一期产羔，第二期配种，第四期产羔，第五期配种；第 2 组母羊在第二期产羔，第三期配种，第五期产羔，第一期再次配种；第三组母羊在第三期产羔，第四期配种，第一期产羔，第二期再次配种。如此反复，产羔间隔为 7.2 个月。对于一胎一羔的母羊，一年可获 1.67 只羔羊；若一胎双羔，一年可获 3.34 只羔羊。

4. 机会产羔体系

该体系是根据市场设计的一种生产体系。按照市场预测和市场价格组织生产，若市场较好，立即组织一次额外的产羔，尽量降低空怀母羊数。这种方式适合于个体养羊者。

总之，绵羊的频密产羔技术是提高绵羊生产的一项重要措施，具有很大的发展潜力。这项技术的综合性强，在绵羊繁殖生产中，应因地制宜。采用现代繁殖生物技术，建立绵羊全年性发情配种的生产系统，并根据当地的自然生态条件，有计划引进优良种羊开展品种改良工作。

第三节　频密产羔母羊和羔羊的管理

一、频密产羔母羊的管理

对高频繁殖的母羊，要保持较好的营养水平，以达到实现双胎、多产的目的。母羊的饲养管理分为配种期、妊娠期、产后期和哺乳期四个阶段。

1. 配种期管理

配种期是母羊抓膘复壮，为交配妊娠储备营养的时期。只有抓好绵羊的膘情，才能达到全配满怀、全生全壮的目的。在配种前 30～45 天，要突击抓膘，对部分膘情较差的母羊，要实施分群短期优饲。

2. 妊娠期管理

妊娠前期的饲养管理：妊娠前期，胎儿发育较为缓慢，所需营养颇为有限。要求能保持母羊良好膘情，也为妊娠中后期做一些营养储备。日粮可用优质干草、秸秆微贮或青贮和精料按 5∶4∶1 组成。应避免饲喂霉烂变质饲草饲料，避免羊群受惊猛跑，避免孕羊饮用冰碴水，以防早期流产。

妊娠后期的管理：妊娠后期，胎儿生长很快，90% 左右的初生重在此期完成。若此期母羊营养不足，会产生一系列不良后果，如羔羊初生重降低、毛少、吮乳反射推迟，生理功能不健全，抵抗力弱，易发病死亡等；母羊也易出现衰竭、泌乳减少等问题。因此，日粮组成可在前期 10% 精料的基础上，在产前 42 天增至 20%，产前 21 天再增至 30%。所有的管理措施也要围绕保胎来考虑，进出圈舍要慢，饮水时应防滑倒和拥挤。

3. 产后期管理

分娩和产后期，绵羊生殖器官变化很大。分娩时子宫颈开张松弛，子宫收缩，在排出胎儿过程中产道黏膜表层有可能受损，以致降低机体的抵抗力；分娩后子宫内沉积大量恶露，易引起病原微生物的侵入和繁衍。因此，对产后期绵羊

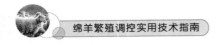

必须加强护理。

在产后最初几天要给予品质好、易消化的饲料，产后第3天可转为正常饲养。如发现尾根、外阴周围黏附恶露时，要予以清洗和消毒，并防止蚊蝇叮咬。分娩后要及时查明绵羊有无胎衣不下、阴道或子宫脱出和乳腺炎等病症发生，一旦出现异常现象，要及时诊治。

4. 哺乳期管理

母乳是羔羊生长发育所需营养的主要来源。产后20～30天，母羊产乳多则羔羊发育好、抗病力强、成活率高；如果母羊营养供应不足，不仅会导致母体消瘦、产乳量减少，而且会影响羔羊的生长发育。刚刚分娩后的母羊腹部空虚，体质弱，体力和水分消耗很大，消化功能稍差。应供给易消化的优质干草，饮盐水、荻皮水等，青贮饲料和多汁饲料不宜给得过早过多，产羔后的母羊在1～3天内，如果膘情好，可以少喂精料，以防消化不良和引发乳腺炎。

在哺乳前期，每天需补混合精饲料0.5千克，优质干草3千克，胡萝卜1.5千克，冬季应注意补充多汁饲料（如胡萝卜等），确保母羊乳汁充足。在哺乳后期，羔羊已能自己采食草料，母羊的泌乳力已有下降，补饲标准可适当降低，一般精料可减至0.4千克左右，优质干草1～2千克，胡萝卜1千克。母羊圈舍应勤换垫草，及时打扫和清洗，保持清洁和干燥。羔羊断乳前应减少多汁饲料、青贮料和精料的喂量，防止母羊发生乳腺炎。

二、羔羊的管理

羔羊是再生产的基础，提高羔羊成活率须从多方面着手。羔羊管理主要涉及接产和护理、哺乳、断奶羔羊哺育及疾病预防四个环节。

在频密产羔生产系统中，羔羊一般断奶比较早，完全依靠精饲料饲养。如果羔羊在出生时就断奶，则一般由于饲料及劳动力报酬太高，大多数情况下没有人采用，如果1个月以后断奶，则其屠宰性能（日增重为350克/天）和饲料转化率（大约为3∶1）都比较高。人们对舍饲条件下的胴体质量比较关注，主要原因是舍饲条件下饲养的绵羊其皮下脂肪组织比较松软，可通过采用产生瘦肉胴体的基因型改变这种情况。

1. 羔羊的接产和护理

羔羊出生后，由体内环境进入外界环境，生理与生活条件发生了巨大变化，并开始独立活动，其消化器官的适应能力和抗病能力都很差，生理功能也不健全。为了使羔羊逐渐适应外界环境条件，必须加强护理，细心观察，使其尽快适应新环境。

分娩时尽量不要惊动母羊，羔羊出生后要立即掏尽和擦干其口鼻腔内黏液，以利于羔羊呼吸，避免造成窒息或异物性肺炎；同时擦干头、四肢、腹下黏液，注意留下部分头颈部和背部的胎水，让母羊自行舔干，以培养母仔感情。冬天动作要迅速，以免使羔羊受冻着凉。羔羊产出后要及时断脐，在距脐孔约5厘米处扯断脐带，断端用5％碘酒浸泡消毒。夏季产羔尤其要注意严格消毒，以免脐带感染，引发脐炎、败血症等。在脐带干燥脱落前后，应注意观察其变化，一有异常及时处理。

初生羔羊的体温调节中枢尚未发育完全，体温调节功能很不完善，应注意保持适当的环境温度，冬季和早春产羔应特别注意新生羔羊的保温工作。出生后1～2小时，羔羊体温要降低2～3℃，这是正常的生理现象。羔羊不仅对低温敏感，也对高温敏感，出生后2～3天的羔羊在38℃环境中只能存活2小时左右，因而在炎热季节产羔要注意防暑。

2. 羔羊的哺乳

新生羔羊由于胃肠系统的分泌功能和消化功能不够健全，新陈代谢又很旺盛，当新生羔羊能够站立后，要帮助其找到乳头及吮乳。初乳是母羊分娩后最初几天的乳汁，以后则转变为常乳。初乳的外观、组成和性质与常乳有很大差异，初乳浓稠、呈黄色、煮沸凝固，除乳糖较常乳低外，其他成分均高于常乳。维生素A和维生素D是常乳的10倍左右，可溶性盐类中铁的含量也比常乳高10倍以上，铜、锰等也较常乳高3～5倍，镁、钙、磷和钠约高1倍。初乳还含有大量抗体和溶菌酶，具有抑制和杀灭羔羊胃肠中有害微生物的作用，增强羔羊的抵抗力。初乳中的初乳体，含镁盐较多，可刺激羔羊肠道蠕动，利于胎粪排出。初乳的营养物质比常乳完善，不但含有大量对羔羊生长和防止痢疾不可缺少的维生素A，而且还含有大量蛋白质，特别是清蛋白和球蛋白要比常乳高20～30倍，这些物质无须经过肠道分解，就可被直接吸收。但初乳的品质降低速度很快，一般在产后4～7天就转变为常乳。因此，羔羊吮食初乳的时间越早越好。

母羊母性较差时，要注意辅助羔羊。一般经过3～4天人工辅助，母羊即可认羔。如果母羊无乳或死亡，或一胎多羔时，要寄养或实行人工哺乳。母羊对亲生羔羊的识别主要靠嗅闻尾根及头鼻的气味。为此，需将代理母羊的尿液或乳汁或羊水涂抹于寄养羔羊的尾根部及头鼻部，让其与代理母羊共存于一个圈内，以顺利达到寄养的目的，也要防止个别母羊不接受，而对寄养羔羊造成伤害。对缺乳而又无法实施寄养的羔羊，要进行人工哺乳。

3. 断奶羔羊哺育

羔羊出生后1周，可开始调教采食饲料，刺激其胃部发育，以便能早日利用非乳营养物质满足羔羊的生长发育。断乳后，羔羊的食物结构发生了改变，稍不注意就会引起腹泻，影响羔羊正常生长发育，甚至造成死亡。因此，应采用渐进的方式改变其食物结构。断乳初期，在精饲料和饲喂方式上与哺乳期没有大的变化，同时在饲喂精料时可拌入少量奶粉，减少过渡期应激。草料品质要有保证，选用优质的豆科干草或青饲料，不喂给带雨水和露水的青饲料，含水分高的青饲料稍作晾晒后饲喂，同时还要注意羔羊运动和羊舍的环境卫生。

4. 羔羊疾病预防

哺乳羔羊抗病力弱，适应性差，易发生呼吸、消化系统疾病，出生后头几周肺炎、下痢等发病率较高。肺炎主要由外界环境温度骤变或感染病菌引起，治疗可用卡那霉素或林可霉素加地塞米松肌内注射，每天上午、下午各一次，连用2～3天。下痢分营养性下痢和病原性下痢两种。营养性下痢可适当控制哺乳次数与哺乳量，严重者可口服适量补液盐，一般经2～3天即可痊愈；病原性下痢是环境卫生不良等原因造成的羔羊食入病原菌而感染，可先灌服土霉素片、复方敌菌净等抗菌药，同时肌内注射小诺霉素或庆大霉素，连用2～3天，重者可静脉注射葡萄糖盐水或灌服口服补液盐等。

此外，要按时对 2 月龄前后的羔羊进行体内驱虫。羔羊栏舍要干燥、清洁、通风，冬暖夏凉，做到防寒防湿、通风保暖。羔羊应尽早放牧或多运动。

三、产羔间隔的限度

采用适当基因型的绵羊和管理措施及适宜的技术，实现绵羊的全年产羔是完全可能的。从生殖生物学的角度而言，重要的是如何确定有些高产绵羊是否适合于全年产羔。从养殖场的角度而言，有时可能希望诱导春季产羔的绵羊在其产后期早期就能怀孕，以便在春秋两季都能产羔，但目前还没有可以利用的激素处理方法。影响孕激素-孕马血清促性腺激素处理后绵羊卵巢反应的因素很多，此外子宫必须在产后完全复旧才能为下一次怀孕提供条件。频密产羔技术的最终目标可能是母羊在一年内产 2 次羔。

第六章

绵羊多羔技术

【核心提示】绵羊的繁殖性状为低遗传力的数量性状，主要包括受胎率、多胎性及羔羊存活率等，其中多胎性是决定绵羊生产效益的最主要的性状之一，也是绵羊多产高产的基础。就养羊业的情况来看，要进行多羔生产，最好是选择具有优良性状的品种，提高其胎产羔数，采用引入高产品种、选择母羊或者人工控制胎产羔数等技术。

第一节　绵羊多羔的遗传学基础

世界上绵羊品种繁多，其排卵率和多胎性等差别很大，排卵率的差别可能与单个基因或连锁基因的作用有关。目前认为，绵羊多胎基因主要包括三类：①已经鉴定出基因突变而且可以监测到 DNA 序列的基因；②已描述了基因的遗传特性，但尚未鉴定出突变的基因；③明显有基因分离特征，但目前尚未对其遗传特性进行研究的基因。

一、绵羊多胎主效基因

1. 骨形态发生蛋白受体 1B（BMPR-1B）

骨形态发生蛋白受体 1B 是骨形态蛋白受体家族成员，

跨膜编码 Ser/Thr 激酶。这种受体的配体是骨形态蛋白，而骨形态蛋白参与软骨内骨形成和胚胎发生，它们是转化生长因子 β-1 超家族的成员，也被称为 FecB 等位基因。研究发现，FecB 能增加绵羊排卵数，是第一个与绵羊多胎性有关的基因。该基因对美利奴绵羊的排卵率有累加作用，可以增加单胎产仔数，也被称为 Booroola 基因。Booroola 基因也存在于小尾寒羊和湖羊中。这些研究结果支持了骨形态蛋白受体 1B 基因显著影响绵羊产仔数的观点。骨形态蛋白受体 1B 基因也被称为活化素受体样激酶 6，位于绵羊染色体 6：29361947-29448079 上，具有 12 个外显子，有 15 个结构域和功能域，并与 23 个突变位点关联。目前，科学家已经为 Booroola 突变开发了高精度的标记测试方法。通过检测羔羊 FecB 基因可提高绵羊多胎性状早期选种的准确性，缩短世代间隔。

2. 骨形态蛋白 15（BMP15）

骨形态蛋白 15 或 FecX 基因是影响绵羊多胎性的另一主效基因。它在卵母细胞中表达并被分泌到胞外，通过与卵母细胞周围颗粒细胞/鞘细胞膜上的特异性受体结合，调节颗粒细胞的增殖和分化，在单排卵和多排卵动物的早期卵泡生长中起重要作用。以同源二聚体或与生长分化因子 9 形成异源二聚体的方式参与调节卵泡发育和固醇类激素生成等生理过程。由于骨形态蛋白 15 是转化生长因子 β 超家族转化生长因子-β 成员，其编码的蛋白质是骨形态发生蛋白质家族的成员，骨形态蛋白 15 与生长分化因子 9 结构同源且功能类似，又被称为生长分化因子 9B。研究发现，骨形态蛋白 15 位于性染色体 X：50970938-50977454 上，有 2 个外显子和 7 个结构域和功能阈，与 10 个变异相关。骨形态蛋白 15 基因有 8 种突变，是影响绵羊繁殖性能基因中多态性最多的一种，其中单核苷酸多态性（Single Nucleotide Polymorphisms，SNP）对绵羊排卵率具有累加效应。骨形态蛋白 15 外显子 2 对伊朗 Mehraban 和 Lori 绵羊品种的多胎性有促进作用，但是等位基因的氨基酸序列没有变化，其外显子在密码子第 3 个碱基处的突变对编码的氨基酸序列没有影响，被认为是沉默突变。这些突变可能影响转录、剪接、mRNA 转运或翻译，从而影响基因的表达和绵羊的表型。可见，骨形态蛋白 15 外显子 2 与 FecX^{I}、FecX^{H} 或其他非同义突变的连锁不平衡是同义突变并与表型显著关联的另一个原因。

3. 生长分化因子 9（GDF9）

生长分化因子 9 基因位于 5 号染色体上（41841034-41843517），有 2 个外显子和 5 个结构域，与 24 个变异相关。生长分化因子 9 是另一种影响绵羊多胎性的基因，编码转化生长因子-β 超家族成员，编码的前原蛋白是卵泡形成所必需的因子，该因子促进原始卵泡发育并刺激颗粒细胞的增殖，对卵泡的正常发育至关重要。研究表明，生长分化因子 9 基因的一些突变等位基因对绵羊的排卵率有促进作用。在 Cambridge 和 Belclare 绵羊中共发现生长分化因子 9 的 8 个突变（G1～G8），其中只有 G8/FecG^{H} 对绵羊的多胎性具有累加效应，第 1 个突变（G1）可增加 Moghani 和 Ghezel 绵羊的排卵率。G1 突变对绵羊杂合子的产仔量有累加效应。事实上，等位基因的表型表达在一定程度上取决于其他等位基因的影响，基因间相互作用产生的突变导致等位基因的表型表达效应可能在一个品种中观测到，而在另一个品种中观测不到。因此，关于基因上位效应的进一步研究可能成为多胎绵羊品种的研究热点。

4. β-1,4-N-乙酰半乳糖胺氨基转移酶 2（B4GAL-NT2）

B4GAL-NT2/FecL 位于 Lacaune 绵羊 11 号常染色体上，位于 1.1Mb 的基因座内，包含 20 个基因可能与 21 种变异相关，有 11 个外显子、5 个结构域和功能域。FecL 基因有 2 个等位基因，极有可能与 Lacaune 绵羊的多胎性有关。B4GAL-NT2 转移酶活性定位于与卵泡发育密切相关的颗粒细胞。已经发现，FecL 突变（g.803A＞G）对排卵率的作用具有累加性，且 FecL 基因座影响卵巢的活性和内分泌谱。研究表明，FecL 突变对卵巢功能的影响方式不同于骨形态蛋白 15、生长分化因子 9 和骨形态蛋白受体 1B 的已知高增殖性，约增加 Lacaune 绵羊排卵数 1.5 个。也有研究表明，忽略 B4GAL-NT2/FecL 的影响可能使多基因遗传评估中多基因育种值偏高。在 Lacaune 绵羊中，产仔量的大变异由遗传决定，影响排卵率的产卵主要基因 FecL 及其多态性等位基因 FecL（L）的分离。

5. 雌激素受体 1（ESR1）

雌激素受体 1 基因多态性对繁殖性状具有实质性影响。雌激素及其受体除了影响性发育和生殖功能外，对骨骼的生长成熟以及成体骨转换也有调节作用。雌激素受体 1 是配体激活转录因子的核受体超家族成员，编码雌激素受体，由几个结构域组成配体激活的转录因子可调节雌激素 DNA 合成和转录活化。研究发现，雌激素受体 1 位于绵羊 8 号染色体上，有 8 个外显子。科学家已经在不同绵羊品种中发现了几个雌激素受体 1 基因的点突变。

6. 转移抑制因子（KiSS1）

绵羊转移抑制因子位于 12 号染色体上（1310663-1316843），有 3 个外显子，是决定哺乳动物性成熟的根本因素。转移抑制因子基因编码的 Kisspeptins 肽家族是 G 蛋白偶联受体 54 的内源性受体，可刺激促性腺激素释放激素（GnRH）的分泌。

7. G 蛋白偶联受体 54（GPR54）

G 蛋白偶联受体 54 和转移抑制因子受体（KiSS1R）是视紫红质家族的成员。G 蛋白偶联受体 54 编码甘丙肽样 G 蛋白偶联受体 54，参与调节内分泌功能并影响性成熟。有研究表明，G 蛋白偶联受体 54 基因的几个突变通过卵巢轴的促性腺激素依赖性成熟引起人类中枢性性早熟。科学家在小尾寒羊中发现了 G 蛋白偶联受体 54 多个对繁殖性能有显著影响的点突变。

8. 促卵泡激素受体（FSHR）

促卵泡激素受体位于绵羊 3 号染色体，有 10 个外显子，由卵巢颗粒细胞表达，编码的蛋白质在性腺发育中起作用，已经在小尾寒羊中发现了多个促卵泡激素受体基因的点突变。应用聚合酶链反应技术检测 2 个高产多样性绵羊品种和 2 个低产绵羊品种的促卵泡激素受体基因 5′调控区单核苷酸多态性反应-单链构象多态性（PCR-SSCP）。结果表明，湖羊引物 1 检测到 AA、AB 和 BB 3 个基因型，其他 3 个绵羊品种只有 1 个基因型（AA）。湖羊 AA、AB 和 BB 基因型频率分别为 0.700、0.225 和 0.075。小尾寒羊引物 3 检测到 3 种基因型（EE、EF 和 EG），其他 3 种绵羊品种仅出现 EE 基因型。小尾寒羊的 EE、EF 和 EG 基因型频率分别为 0.775、0.220 和 0.025。测序结果表明，BB 基因型在引物 1 中存在 2 个核苷酸突变（g.-681T＞C 和 g.-629C＞T）。在小尾寒羊中，EG 或 EF 杂合母羊分别比纯合母羊（EE 基因型）高 0.89（$P<0.05$）或 0.42（$P<0.05$）。

9. 催乳素受体（PRLR）

催乳素受体属于 I 型细胞激素受体家族，有 10 个外显子，位于绵羊 3 号染色体。已经在小尾寒羊、湖羊和土耳其绵羊等多个品种中发现了催乳素受体基因的多个点突变。研究发现，催乳素受体基因在湖羊中存在多态性（CC、CT 和 TT 型），对湖羊产羔性能无显著影响。储明星研究发现，催乳素受体主要在垂体和肾上腺中表达，与光照时间有关且具有不同的响应模式，在小尾寒羊黄体期表达量高于卵泡期，揭示了催乳素受体可能与绵羊季节性繁殖和繁殖时期转换的调控有关。

二、多胎基因的应用

多胎性状在动物繁殖过程中属于数量性状，由多基因调控，繁殖性状的改良通常由数量遗传学方法调控。由于繁殖性状的遗传力较低，在一个品种内通过选择增加产仔数将是一个耗时的过程。若确定与繁殖有关的主基因，即可通过分子标记辅助选择将其引入育种中，从而快速将优良基因型输入育种群体。

骨形态蛋白受体 1B 基因的突变体 FecB 基因是一个常染色体基因，可通过共显性效应和部分显性效应提高排卵率。布鲁拉绵羊的高繁殖力与卵巢及颗粒细胞中表达的骨形态蛋白受体 1B（BMPR-1B）的保守细胞内激酶信号域的非保守突变（q249r）有关。单基因突变会给生物体带来新的性状，而多胎又是一个多基因控制的复杂过程。因此，通过研究多胎主效基因、生殖激素相关基因等的生物学功能，进而诠释多胎性状的整个过程尤为重要。类固醇激素及其受体在哺乳动物生殖功能及性发育过程中起到至关重要的作用，可直接影响卵泡的大小及数量。但目前尚无该类物质对多胎性状具有累加效应的相关研究报道。

对小尾寒羊突变种群的研究表明，转移抑制因子和 G 蛋白偶联受体 54 基因共同参与哺乳动物性成熟及青春期发育，但作用机制尚不明确。影响多胎性状的基因不只包含前文涉及的基因，仍有部分基因有待发掘，对此类基因的深入研究意义重大。

羊的多胎性状是多基因配合的结果。但每个基因具有多种分型或多种突变，在育种工作中要准确对多胎性状进行检测相对较难。基因多态性检测在实际试验过程中应用较多，大体可分为限制性片段长度多态性（RFLP）、单链构象多态性（SSCP）及高分辨率熔解曲线（HRM）等。无论是基于基因凝胶电泳的检测方法还是基于单核苷酸多态性位点检测的测序方法均能够很好地为育种工作提供参考。

第二节　绵羊多羔的生理学基础

一、绵羊胎产羔数的限度

绵羊在出生后卵巢上卵泡的数量逐渐减少，出生后 15 天

至 1 月龄，卵巢上有 2 层粒细胞的卵泡数量达到最多，在之后的 4 个月逐渐减少，数量只能达到 1 月龄时的 4/5。绵羊的胎产羔数最高纪录为 9 只。

二、排多卵时的内分泌及卵巢变化特点

饲养管理及环境等因素对绵羊的排卵率有重要影响，但在发情周期的一定阶段注射促性腺激素也可诱导其排多卵，因此能获得多羔。

1. 卵巢卵泡的数量

绵羊卵巢上卵泡的总量由原始卵泡、腔前卵泡组成的卵泡库和少量生长期间的大卵泡组成，卵巢上生长卵泡的数量与排卵率有直接关系。绵羊卵巢上的卵泡基本可以分为三类，即优势卵泡、过渡卵泡和生长卵泡。过渡卵泡向生长卵泡的补充受垂体促性腺激素的调节，过渡期的卵泡需要促卵泡激素受体，然后在促性腺激素的作用下选择性地进入生长期。

研究表明，绵羊每天卵巢上有 3～4 个卵泡补充进入生长卵泡群，而 6 个月之后最终排卵的卵泡数量则是由生长阶段发生的闭锁卵泡的数量决定的。卵泡在生长到出现腔体之前的过程极为缓慢（130 天），之后进入快速生长期（45 天）；卵泡的生长期比较长，说明繁殖季节排卵的卵泡可能在此前 6 个月的乏情季节就已经开始生长。乏情季节卵巢上发育的腔前卵泡的数量增加，但在繁殖季节则减少，说明乏情可能对动物卵巢来说是一个必需的恢复阶段。

2. 卵泡与排卵率

不同绵羊，甚至同一绵羊品种，促卵泡激素浓度的差异

很大，而且目前对卵泡生长过程中对促性腺激素敏感的阶段了解得还不是很清楚，有研究认为至少在周期的第12～14天有一个敏感时期，这一时期促性腺激素的水平对决定卵泡在下次发情时是否会发生排卵极为重要。对不同营养状态的绵羊进行的比较研究表明，周期第13～14天的促卵泡激素水平比第1天高。绵羊在发情周期中出现两次促卵泡激素峰值，第一次与促黄体生成素排卵峰同时出现，第2次则出现在促黄体生成素峰值之后20～30小时，该峰值与下次情期中出现的有腔卵泡的数量有一定关系。促黄体生成素排卵峰也与排卵率有一定关系，这种关系主要表现在发情与促黄体生成素峰值释放的时间间隔上。

三、影响绵羊排卵限额的因素

近年来的研究表明，控制绵羊发情周期排卵时卵子数量的主要因素为骨形态蛋白15和生长分化因子9，这两种因子在调控卵子生成、排卵率和胎产羔数中均发挥极为关键的作用。

羊排卵时排出的卵子数量是排卵前卵泡发育的反映，因此以品种为特异性的优势卵泡的产生是决定排卵数的关键因素。优势卵泡的生成是一个涉及卵泡生长、细胞分化和胞质分化的过程。在该过程的早期（即卵泡生长的腔前阶段，也是不依赖于促性腺激素阶段），卵泡的生长和发育受自分泌和旁分泌因素的调控。在后期的发育中，粒细胞上的促卵泡激素受体对腔前卵泡的成熟是必需的，由于这种作用，使得卵泡继续生长发育到排卵前的优势卵泡。

排卵限额主要是受遗传控制，因此确定控制动物排卵数的基因是研究动物排卵限额的主要任务。近年来发现的骨形态蛋白 15 和生长分化因子 9 在决定动物排卵限额中发挥举足轻重的作用。

1. 骨形态蛋白 15 和生长分化因子 9 对排卵限额的控制作用

大多数绵羊在每个发情周期能排 1～2 个卵子，但在长期的选育中人们发现有些绵羊可产 2～3 羔，对这些绵羊的遗传背景进行的研究表明，其在骨形态蛋白 15 和生长分化因子 9 基因发生了突变，其中骨形态蛋白 15 的点突变见于 Inverdale、Belclare、Hanna 和 Cambridge 绵羊，Inverdale 绵羊多胎基因为 FecX[1]，其在骨形态蛋白 15 蛋白的成熟区发生了 V31D 氨基酸替换；Belclare 绵羊的多胎基因 FecX[B] 则在骨形态蛋白 15 成熟蛋白发生了 S99I 替换；Hanna 绵羊的多胎基因 FecX[H] 在成熟的骨形态蛋白 15 蛋白的第 23 个氨基酸残基产生一个成熟前终止密码；Cambridge 绵羊的多胎基因 FecX[G]，在前蛋白的第 239 个氨基酸产生一个成熟前终止密码。携带上述任何骨形态蛋白 15 突变基因的杂合子由于排卵限额增加而出现多胎，而纯合子大多由于卵子生成异常而引起不育。生长分化因子基因（FPMSG[H]）的点突变可引起生长分化因子 9 蛋白的成熟区发生 S77F 替换，这种情况出现于 Belclare 和 Cambridge 绵羊，携带该突变基因的绵羊其表型与携带骨形态蛋白 15 突变基因的绵羊相似，杂合子表型排多卵而纯合子多不育。

2. 骨形态蛋白 15 和生长分化因子 9 控制排卵限额的细胞机制

采用重组骨形态蛋白 15 和生长分化因子 9 进行的研究表明，这两种因子在控制卵泡生成中发挥重要作用。骨形态蛋白 15 和生长分化因子 9 均是粒细胞分裂的促进因子，因此敲除生长分化因子 9 基因的纯合子小鼠会出现不育，骨形态蛋白 15 突变的纯合子也是如此。卵泡在发育的早期阶段不依赖于促性腺激素，因此粒细胞的分裂可能需要骨形态蛋白 15 和生长分化因子 9 的作用。骨形态蛋白 15 和生长分化因子 9 突变杂合子绵羊由于优势卵泡和排卵的卵子增加，因此其生育力增加。对这些绵羊的卵巢进行的研究表明，其黄体明显较野生型绵羊小，主要可能是由于优势卵泡的发育加快，因此可能以较小的体积排卵所致。但野生型和杂合子绵羊血浆促卵泡激素浓度没有明显差别，说明卵泡库中卵泡的发育需要提早对促卵泡激素出现敏感性。研究表明，骨形态蛋白 15 能直接作用于粒细胞，抑制促卵泡激素受体 mRNA 的表达，因此抑制了促卵泡激素反应型基因（例如促黄体生成素受体基因）的表达。在骨形态蛋白 15 突变杂合子绵羊，由于骨形态蛋白 15 浓度降低，使得粒细胞对促卵泡激素的敏感性增加，可以使更多的卵泡得到选择，进一步发育到排卵。同样，生长分化因子 9 能降低粒细胞促卵泡激素刺激的环磷酸腺苷生成和促黄体生成素受体 mRNA 的表达，在生长分化因子 9 突变杂合子绵羊可增加促卵泡激素的敏感性，使得排卵卵泡数增加。由此也说明在骨形态蛋白 15 和生长分化因子 9 突变绵羊，其排卵数增加的机制是相同的。

3. 其他因素对排卵限额的影响

近来的研究还表明，卵母细胞本身对卵泡细胞的组织、发育和功能发挥重要的调节作用，因此，卵母细胞或者卵母细胞产生的因子，例如骨形态蛋白 15 和生长分化因子 9 在促进卵泡发育中也发挥重要作用，对这种作用的研究将促进对排卵限额控制机制的研究。

综上所述可以认为，虽然对绵羊排卵数量的遗传基础进行了大量研究，但仍有许多问题，例如骨形态蛋白 15-生长分化因子 9 异二聚体的作用、骨形态蛋白 15 和生长分化因子 9 受体系统的种间差异、骨形态蛋白 15 和生长分化因子 9 翻译后加工过程的种间差别等的研究，将极大地促进对排卵数量调控的生理机制的研究。

第三节　环境及营养对绵羊排卵率的影响

一、季节的影响

大多数绵羊的排卵率在繁殖季节开始后明显增加，结束时逐渐减少。排卵率的这种变化也同样反映在母羊的产羔数上，说明受精率和胚胎死亡率可能与季节的变化无关。

繁殖季节后期排卵率和胎产羔数的下降受母羊体况的影响，体况好的母羊其下降比体况一般的更明显。此外，排卵率的下降也可能与应激有关，尤其是气候性应激可能作用更为明显，主要是在繁殖季节末期气候变冷，排卵率降低。

二、营养的影响

大多数绵羊卵泡的发育受营养水平的影响，这种影响可以通过下丘脑-垂体轴系而直接改变促性腺激素的分泌，也可作用于卵巢，改变促性腺激素对卵泡发育的作用。如果营养摄入增加，尤其是蛋白的摄入增加，则可使肝脏功能及某些酶的浓度增加，雌激素代谢增加，引起促卵泡激素浓度发生改变，使其在黄体溶解前后浓度增加，引起大量卵泡发育排卵。

1. 营养信号对卵泡发育的作用

绵羊在发情周期的后期灌注氨基酸 5 天可以明显提高其排卵率；胰岛素调节的葡萄糖摄入可以降低优势卵泡，抑制其他卵泡发育的能力，因此可以增加平均排卵率。

在秋季的繁殖季节，绵羊的排卵率受配种时间等各种因素的影响。从营养学的角度而言，受影响最明显的时期可能是上次产羔（或者更精确地说是泌乳期结束时）到配种这段时间，因此这段时间是绵羊从怀孕一直到泌乳之后的恢复阶段，在这个恢复阶段营养可能对母羊产生长期的影响，例如配种时的体况、体重等。

2. 体况的影响

绵羊的体况与其排卵率之间有直接关系。一般来说，营养可发挥两种作用：一种为静态作用，即影响体况、体重和体格；另外一种为动态作用，即在配种之前 6 周内所发生的体重的变化。

绵羊在配种时的体重代表了营养的静态作用，其对胎产羔数有明显影响，这种影响主要表现在排卵率的差异上，而且对胚胎死亡率也有一定影响。绵羊的体况主要反映在两个方面，即基本的体格大小和肥瘦程度。有人用绵羊的体况评分来判断其在配种时的体况，例如 5 级评分法，一般是在配种前 6～8 周评分，这样尽可能采取各种措施，使得绵羊在配种时能达到最佳体况。得分低于 2 分者一般要加强营养。体况良好的绵羊其卵泡较大，产生的雌激素较多，但体况的好坏不影响卵泡对促卵泡激素的反应性。

体重对排卵率的影响可能比体况更加明显，体重较重的绵羊排卵率更高，体重每增加 1.0 千克，排卵率增加

2.5%～3.0%，因此配种之前的体重很关键。

3. 营养与胚胎死亡

绵羊在怀孕的第一周胚胎死亡率为 20%～30%，但对引起胚胎死亡的原因尚不清楚。孕酮在绵羊怀孕的维持中起着关键作用，因此有人试图用外源性孕酮来降低胚胎死亡率，但处理效果与处理时绵羊的营养状态有关。

怀孕早期的营养与孕酮浓度呈负相关。如果绵羊在配种之后饲喂高能饲料可使孕酮浓度降低，胚胎死亡率升高，因此外源性孕酮只有在绵羊配种之后饲喂高能饲料或者处于营养上升阶段时才可能有效。

对营养与胚胎死亡的关系进行的研究表明，配种后的高能饲喂不利于胚胎的生存，饲喂之后造成孕酮浓度降低，此时的低能饲喂对胚胎的生存没有多少作用。配种后的高能饲喂之所以增加胚胎死亡，主要原因可能是由于代谢率升高而使得孕酮的清除率增加所致。

营养严重不良时，绵羊的怀孕率明显降低，但可能与黄体功能不全没有多少关系。母羊如果在生产前及生产后早期营养不良，可使其后来的繁殖性能降低。如果配种后就造成胎儿在子宫内营养不良，则原卵的分化会明显受到抑制。

4. 营养与胎儿死亡

怀孕中期限制营养对胎儿死亡也有极为显著的影响。约 10% 的绵羊在怀孕 30～95 天由于营养不足而损失一个或者两个胎儿。

如果绵羊在苜蓿草场上突击饲喂及配种，可使其空怀增加 2%，多胎降低 10%，平均产羔日期延迟数天，尤其在饲喂紫花苜蓿时这种作用更加明显，可能与含有植物性雌激素有关。

❦ 第四节 绵羊多羔处理技术 ❦

选育、饲养管理以及选用多胎品种都是增加绵羊产羔数的实用技术，但在许多情况下可以考虑采用激素诱导多胎技术，尤其是双胎率比较低的羊群以及没有采用多胎选育的羊群，这种处理方法具有较高的实用价值。

一、孕马血清促性腺激素处理

1. 孕马血清促性腺激素处理在正常发情周期时存在的问题

在生产实际中使用孕马血清促性腺激素处理时必须要有试情公羊跟群以便能确定注射孕马血清促性腺激素的时间。由于要采用试情公羊，并且要经常检查是否发情，因此使得这种技术在正常的生产条件下使用十分困难。有时则由于第一次发情是由试情公羊监测到的，因此，很难在预定的时间内配种。为此，建立了同期发情方法，在生产实际中既能频密产羔，也能产多胎，因此具有广阔的应用前景。

2. 孕马血清促性腺激素与同期发情处理

采用醋酸氟孕酮-海绵-孕马血清促性腺激素（500 国际单位）处理是一种可以在生产中应用的提高多胎的良好方法，孕马血清促性腺激素与各种孕酮合用均可以明显提高发情时产生的卵母细胞的数量。

3. 前列腺素与孕马血清促性腺激素

前列腺素 $F_2\alpha$ 及其类似物是绵羊同期发情所采用的方法

之一，如果在第二次注射前列腺素 F2α 时注射孕马血清促性腺激素也可促进排卵而使排卵率增加。

4. 黄体期早期用促性腺激素处理

除了在发情周期的卵泡期一次注射孕马血清促性腺激素外，也可在黄体期早期（周期第 2 天）注射，这与周期第 12 天注射相比的主要优点是排卵反应的差别明显减小，因此不会出现过高的排卵率和胎产羔数。

二、促性腺激素释放激素处理

促性腺激素释放激素及其类似物可以在周期结束时引起促性腺激素释放，从而控制卵泡发育。在周期第 12 天注射促性腺激素释放激素时，可使排卵率提高 20％。但对促性腺激素释放激素用于提高绵羊的胎产羔数仍然需要进行大量研究。

三、生长激素处理

重组牛生长激素（rBST）对卵泡发育有明显的影响，采用这种处理方法能够明显增加卵巢上小卵泡的数量，表明重组牛生长激素和/或 IGS-I 在卵泡生成的早期阶段对卵泡的发育具有刺激作用。

四、褪黑素处理

埋植褪黑素可以提高绵羊的繁殖性能，但每个品种及地区在处理时必须注意埋植时间和引入公羊的时间，其对处理效果有极为重要的影响。就长期处理的效果来看，褪黑素开始处理后 114～162 天配种则怀孕率和多胎率都很低。

五、抗激素处理

正常的排卵过程取决于垂体促性腺激素对发育卵泡的刺激作用和雌二醇、抑制素负反馈作用之间的平衡。卵巢产生的雌二醇的量取决于卵泡的数量和成熟阶段，排卵率高的绵羊发育卵泡的数量更多，因此分泌的雌二醇更多。多胎绵羊的排卵率高可能也与下丘脑-垂体轴系对卵巢雌二醇的负反馈作用的敏感性降低有关，因此使促性腺激素维持较高的水平，在关键时刻能够支持大量卵泡的生长发育。根据上述作用原理，人们建立了多种调控绵羊多羔的技术。

降低雌二醇负反馈作用的方法之一是采用抗雌激素或者弱雌激素类物质，降低卵巢产生的内源性雌激素的抑制作用。克罗米酚就是一种抗雌激素药物，最初用于人的诱导排卵，后来在绵羊采用 1～90 毫克克罗米酚进行处理，但效果并不十分理想。

六、激素免疫

绵羊的卵巢可以分泌 9 种甾体激素，包括睾酮、雄烯醇酮等雄激素，雌二醇、雌酮等雌激素和抑制素等。

外源性睾酮能够引起绵羊发情、释放促黄体生成素及排卵，说明卵巢分泌的雄激素具有重要的生理作用，绵羊用睾酮免疫之后大多数可以不发生排卵，而针对雌激素（雌二醇或雌酮）免疫对垂体功能会产生一种类似去势的作用，促黄体生成素和促卵泡激素的基础水平以及促黄体生成素的波动频率与摘除卵巢的母羊相似。

针对孕酮免疫之后排卵率增加，产羔数可增加 27％；对睾酮免疫之后 2～3 胎明显增多，针对皮质醇免疫之后排卵率

也增加，但生育力降低。

七、分子标记辅助选择技术

分子标记辅助选择为显著提高绵羊多胎性这样的低遗传力（0～0.2）的生产性状提供了新的途径。

分子标记辅助选择以多种分子标记为前提，如限制性片段长度多态性（RFLP）、扩增片段长度多态性（AFLP）、随机扩增多态性（RAPD）、小卫星（minisatellite）、微卫星（microsatellite）、单核苷酸多态性（SNP）等，均为常规选择的辅助手段，实现了由表型选择到基因型选择的改变，提高了选择的准确性，加快了遗传改良速度。

目前借助分子生物学技术可直接研究影响表型数量性状的数量性状位点，在 DNA 水平找到与数量性状相连锁的主效基因和与其紧密连锁的分子标记。寻找数量性状位点和识别与数量性状连锁的 DNA 标记常用的方法有基因组扫描法和候选基因法。

❧ 第五节　多羔母羊及羔羊的管理 ❧

绵羊的多胎比较多见，但主要问题是羔羊出生后的成活问题。围产期羔羊的死亡是绵羊生产中的一个主要问题，文献资料中报道死亡率为 10％～20％。大多数羔羊死于出生后数天，主要是营养、行为和生理原因，而传染病的发生则相对较少。

一般来说，在某一品种内，随着羔羊初生重的增加，死亡率下降，但初生重如果太大，则会由于难产而使死亡率升高。

一、多胎存在的主要问题

在正常羊群，平均胎产羔数为 1.5，如果每胎超过 2 个，则胎儿一般较小，如果胎产羔数为 2.5，则可能出现 40% 以上的三胎和 15% 以上的 4～5 胎，此时胎儿死亡率会增加。研究表明，随着胎产羔数的增加，胎儿的初生重下降。

在三羔以上多胎，随着胎产羔数的增加，成活的胎儿逐渐减少，而且由于饲料、劳动力等的增加而使投入增多。

对多胎绵羊进行的大量研究表明，如果采用适宜的管理措施可以降低羔羊的死亡率。

对绵羊胎儿发育的解剖学研究表明，来自胎产羔数多的羔羊较小，但其发育良好，只是初生重较轻，因此如果在出生之后尽快灌服初乳，则可有效降低羔羊死亡率。出生羔羊产后衰弱的另外一个原因是胎粪停滞，主要原因是摄入的初乳不足。

二、多羔与母羊权益

胎产羔数多可能在怀孕后期对母羊是一种应激。对于频密产羔的绵羊，最好的胎产羔数应该是 2 个，不宜超过 3 个。

第七章

绵羊怀孕诊断技术

【核心提示】怀孕诊断在绵羊生产管理中具有十分重要的意义。通过怀孕诊断，可加强对妊娠绵羊的饲养管理，及时对空怀羊进行补配，因此可大大提高生产效益，减少经济损失。

第一节　绵羊怀孕早期的生理学及内分泌学特点

妊娠后，胚泡附植、胚胎发育、胎儿生长，胎盘和黄体形成并发生适应性变化，这一切都对母体产生巨大的影响。母体要适应妊娠，无疑会在生理学与内分泌学等方面发生一系列变化；母体适应妊娠的各种变化也正是进行怀孕诊断的基本依据。

一、怀孕早期的生理学特点

1. 体重和膘情变化

妊娠后，母体新陈代谢旺盛，食欲增加，消化能力提高，营养状况得以改善，表现为体重增加、毛色光润；青年绵羊妊娠后还伴有自身正常的生长发育。在饲养水平较低的情况下，青年妊娠羊的生长会受严重影响；营养条件适当，则可促进生长。怀孕后，由于营养丰富，绵羊体重会显著增加。即使在饲养不足的情况下，妊娠早期的绵羊也比空怀绵羊增长明显。

2. 生殖器官变化

（1）卵巢　绵羊配种后若未受精，黄体会发生退化；一旦妊娠则黄体会转变为妊娠黄体，发情周期也因此中断。妊娠后，卵巢的功能活动主要取决于孕酮和雌激素之间的比例。一般情况下，孕酮在整个妊娠期中占主导地位，黄体能维持至整个妊娠期，直至分娩。妊娠时卵巢的位置随着妊娠的进展而变动。随着妊娠的发展，子宫重量逐渐增加，卵巢也会因子宫重量的牵引发生移动，甚至下沉到腹腔。妊娠2个月后黄体发育至最大，妊娠2～4个月时卵巢上可见有大小不等的卵泡发育。

（2）子宫　绵羊妊娠后，子宫体积和重量都明显增加。妊娠前半期，子宫体积的增长主要是由于子宫肌纤维增生肥大所引起。羊的尿膜绒毛膜囊有时仅占据一部分空角，所以空角扩大不明显。随着妊娠的进展，子宫体积和重量亦愈增大，子宫会向前向下悬垂。

（3）子宫动脉　妊娠时子宫血管变粗，分支增多，子宫动脉（特别是子宫中动脉）和阴道动脉子宫支（子宫后动脉）更为明显。随着脉管的变粗，动脉内膜的皱褶增加并变厚，而且和肌层的联系疏松，所以血液流动时就从原来清楚的搏动，变为间断而不明显的颤动，称为妊娠脉搏。

（4）子宫黏膜　受精后，子宫黏膜在雌激素和孕酮的作用下，血液供应增多、上皮增生、黏膜增厚，并形成大量皱褶，黏膜表面积增大。子宫腺扩张、伸长，细胞中的糖原增多，且分泌量增加，有利于囊胚的附植及提供胚胎发育所需的营养物质。其后，胎盘逐渐形成并发育，绵羊属子叶型胎盘，母体胎盘是由子宫黏膜上的子宫阜发育而来，孕角子叶发育要比空角快，因而更为发达。

绵羊胎盘突的数量为 60～100 个，是由绒毛膜上突起的子叶微绒毛与子宫内膜的相同结构融合而形成。子宫内膜的胎盘突间区的上皮与尿囊绒膜接触，浸入子宫内膜腺中。在子宫内膜基质和胎盘突的相同区域中母体血管由绒毛细胞代替。

（5）血液供应　妊娠子宫的血液供应随胎儿发育所需的营养增多而逐渐增加，分布于子宫的血管分支逐渐增多，主要血管增粗，子宫中动脉的变化尤为明显。妊娠第 80 天，通过母羊子宫的血流为 200 毫升/分钟，妊娠末期（150 天时），血液流量可达 1000 毫升/分钟以上，而未孕羊子宫血液流量仅为 25 毫升/分钟。

（6）阴道、子宫颈及乳房　妊娠早期，阴道长度增加，前端变细，近分娩时则变短粗，黏膜充血，柔软、轻微水肿。子宫颈紧闭，黏膜增厚，上皮单细胞腺在孕酮作用下分泌黏稠的黏液，填充于子宫颈，形成子宫颈塞。因此，子宫颈被严密封闭起来，阻止外物进入，保护胎儿安全。黏液起初透明、淡白，以后变为灰黄色，更为黏稠，且分泌量逐渐增多，并进入阴道。妊娠后，乳房开始发育，在妊娠中后期发育增速，乳房增大、变实，头产母羊的变化出现较早。

3. 胚胎发育

（1）胚胎发育 绵羊受精卵在受孕后 3～4 天到达子宫，附植发生于 15～18 天，妊娠期约为 150 天。绵羊胚胎在第 4 天（直径 0.14 毫米）和第 10 天（直径 0.4 毫米）时，基本为球状，然后发育为带状，12 天为 1.0 毫米×33 毫米，14 天为 1.0 毫米×68 毫米。15 天的胚泡长 150～190 毫米，直径 1.0 毫米，位于一侧子宫角内；16～17 天时，日益生长的胚泡可扩展至对侧子宫角中。在妊娠 13 天以前，从子宫内移除胚胎对发情周期长短并无影响；但移除 13～15 天胚胎的母羊，有 1/3 发情间隔期大于 25 天。发情 12 天、13 天和 14 天的受体母羊，其胚胎移植后的妊娠率分别为 60％～67％、22％和 0％。表明要使绵羊妊娠得以维持，至少在发情后 12～13 天内子宫中应存在胚胎。绵羊妊娠 55 天后，摘除双侧卵巢并不导致流产，此后怀孕主要依赖于胎盘产生的孕酮，但正常情况下妊娠黄体直到分娩时才开始退化。

怀孕 13 天时绵羊囊胚的形态与黄体形成过程中（周期第 2～6 天）血浆孕酮浓度有关，但与黄体期（周期第 7～13 天）的浓度无关。绵羊的黄体存在于整个怀孕期，但对维持黄体功能存在的因素还不清楚。怀孕早期的绵羊黄体能够产生滋养胚生长因子，这些因子可能在黄体细胞的分化或者转换方面发挥重要作用，也可能与黄体功能的维持有关。

（2）生长因子与绵羊胚胎发育 绵羊孕体的发育由包括细胞分化、增生、迁移和侵入等一系列过程所组成。孕体可以产生一些分泌蛋白，因此为母胎之间的交流提供了物质基础。也有研究表明，多肽生长因子在绵羊的胚胎发育中发挥重要作用。绵羊囊胚及胚胎在附植时（怀孕第 15 天）产生转化生长因子 2α，同时子宫内膜也可产生多种生长因子。绵羊的胚胎在附植启动以后就能产生具有免疫活性和生物活性的转化生长因子-β，由于转化生长因子-β 能中和干扰素的抗病毒活性，并能影响细胞黏附分子的表达，因此这种生长因子的产生可能决定了绵羊胚胎在附植前后的命运。

（3）胎盘　未孕绵羊的子宫含有 60～150 个子宫内膜增厚区域，称为"子宫肉阜"，其可能是尿膜-绒毛膜的附着区。附着大约发生在受精后 30 天，通常依怀孕胎儿数量等因素能占据 70%～80% 的子宫肉阜。附着点最后发育成胎盘突，其由胎儿子叶和母体子宫肉阜共同组成。胎盘突是怀孕期间胎儿固定及发生气体和营养交换的主要部位。胚胎的存在阻止了怀孕羊黄体的退化，对 5 个月的怀孕期而言，至少 60 天需要功能性黄体的存在，之后胎盘产生的孕酮就足以维持怀孕。

二、怀孕早期的内分泌学特点

妊娠期间，母体内分泌系统发生明显的变化。各种激素的协调平衡是维持妊娠的基本条件，这种平衡一旦被破坏，就会出现内分泌失调，妊娠将因此而受到严重影响，甚至被终止。

绵羊的胎盘为有血管的尿膜绒毛膜胎盘，这种胎盘是在怀孕期逐渐建立的，将胎儿和母体血管互相吻合，然后出现胎盘的快速生长，之后胎儿快速生长，同时大量营养和代谢终产物通过胎盘传递。最后，怀孕后期胎盘出现自溶过程。

1. 促性腺激素

妊娠期绵羊的促卵泡激素分泌变化不明显，促黄体生成素分泌是先逐渐升高，后又逐渐降低。

2. 孕酮

绵羊妊娠头 2 个月，其血浆孕酮浓度与发情周期中的黄体期相似，后来胎儿胎盘分泌大量孕酮，使血浆孕酮浓度逐渐增加，到分娩前约为发情周期中的 2 倍。总的趋势是血浆孕酮浓度在妊娠 60～140 天增加；妊娠 140 天后至分娩孕酮水平下降。

3. 雌激素

在发情周期和妊娠 13 天、15 天及 17 天，母羊子宫-卵巢静脉中的雌二醇含量并无明显不同，但孕羊的雌酮浓度总是较高。此外，发情后 11 天、13 天和 15 天孕羊和未孕羊的子宫静脉和动脉血中的雌酮和雌二醇也没有差异。绵羊妊娠 70～80 天可以检出硫酸雌酮，外周血（或尿）中硫酸雌酮的升高可以作为胎儿存活的有力证据。

4. 前列腺素

与其他家畜一样，绵羊的子宫内膜控制着未孕母羊的黄体寿命。前列腺素 $F_{2\alpha}$ 释放至子宫静脉中，其分泌频率的增加正好与黄体退化时间相一致，说明前列腺素 $F_{2\alpha}$ 具有溶黄体作用。配种后 12～17 天，孕羊子宫-卵巢静脉中的前列腺素 $F_{2\alpha}$ 和外周血浆前列腺素 FM 的基础浓度和分泌范型，与未孕羊相比发生了显著改变。未孕羊前列腺素 F 出现明显的脉冲释放，而前列腺素 F 基础浓度低，妊娠羊在相应时间表现为基础浓度增加，而分泌峰显著减少。

妊娠早期，绵羊前列腺素的合成也有改变，由主要产生溶黄体的前列腺素 $F_{2\alpha}$ 转变为产生促黄体化作用的前列腺素 E_1 和前列腺素 E_2。由于孕体和子宫的促黄体产物的作用，使黄体期延长。

5. 催乳素

妊娠期绵羊的催乳素（PRL）浓度在 20～80 纳克/毫升，临近分娩时开始增加，产羔当天可达 400～700 纳克/毫升。怀孕 48 天后从母体血浆中检测到胎盘催乳素，140 天时达到峰值，之后持续下降。16～17 天的滋养胚中可以检测到胎盘催乳素，其生理作用尚不清楚，推测可能对胎儿生长和乳腺发育具有重要作用。

三、怀孕的建立

孕酮在动物怀孕的建立和维持上发挥着不可替代的作用。所有哺乳动物的子宫在黄体期早期其子宫内膜上皮和基质中均表达有孕激素受体，因此孕酮通过激活其受体直接调节许多基因的表达。但孕酮长时间作用于子宫内膜可以调节内膜上皮孕激素受体的表达。附植之前大多数动物子宫内膜上皮孕激素受体缺失，因此附植前后子宫内膜上皮功能的调节可能是由于受孕酮刺激的孕激素受体阳性基质细胞产生的特异性因子作用的结果。在绵羊，子宫连续受到孕酮的作用，因此内膜腺体中一些蛋白表达，分泌进入子宫腔。其中乳腺上皮细胞产生绵羊子宫乳蛋白（UTMP）及骨桥蛋白（OPN）两种最主要的蛋白。子宫乳蛋白是绵羊孕体附植时子宫接受性的最好指标，在怀孕绵羊子宫乳蛋白 mRNA 的表达只限于乳腺上皮细胞而不出现在子宫内膜腔或浅表腺体。子宫乳蛋白 mRNA 的表达严格受到调节，在怀孕的第 15 天和 17 天出现于乳腺上皮细胞，在随后的怀孕期其丰度增加，而且其增加与胎儿的生长发育平行。

骨桥蛋白为一种酸性磷酸化糖蛋白，是上皮细胞外基质和包括子宫在内的许多组织分泌物的重要组成部分。骨桥蛋白能通过与整合素的结合促进细胞黏附，能使附植前后子宫分泌物增多。骨桥蛋白与滋养外胚层和子宫表达的整合素结合后可以：①刺激孕体胚胎外膜形态发生改变；②诱导子宫内膜腔和滋养外胚层的粘连，这对附植和胎盘形成是必需的。与子宫乳蛋白相似的是，骨桥蛋白基因在整个怀孕期在乳腺上皮细胞均有表达，而骨桥蛋白丰度变化与胎儿的生长发育平行。

四、胎盘激素及其对孕体发育的作用

胎盘产生许多甾体激素和蛋白激素，这些激素多以旁分泌形式作用于子宫内膜，引起基因表达的变化，支持孕体的生长发育。

1. 绵羊怀孕期子宫腺体的形态发生

绵羊怀孕的建立和维持需要来自卵巢、孕体和子宫的内分泌和旁分泌信号的整合。怀孕的维持需要附植时孕体与子宫内膜之间的双向信号交流。在绵羊，胚胎的附植及胎盘形成开始于怀孕的第 15 天和 16 天，但一直要到怀孕第 50～60 天才完成。在此阶段，子宫生长并为迅速生长的孕体提供发育的环境。除了在子宫内膜的腺窝区胎盘发育及子宫血管发生变化外，子宫内膜腺其长度和宽度明显增加，在怀孕期出现侧面分支的情况。在怀孕的第 15～50 天子宫内膜腺增生，之后出现肥大，使得表面积增加，因此在怀孕 60 天之后可产生大量的组织营养。这些子宫内膜腺合成、分泌及输送大量的酶类、生长因子、细胞因子、淋巴因子、激素、转运蛋白和其他因子，总称为组织营养。子宫内膜上皮的分泌物影响

孕体的存活、生长和发育。

2. 激素对子宫腺体形态发生和功能的调控

怀孕绵羊的子宫依次受雌激素、孕酮、TNFτ、胎盘泌乳素和胎盘生长激素的影响，这些激素调控子宫内膜腺体的形态发生和分化出分泌功能。绵羊在怀孕第 16 天由孕体滋养外胚层的双核细胞产生胎盘泌乳素，这一时间正好是子宫乳蛋白开始表达及乳腺上皮细胞产生的骨桥蛋白增加的时间。在母体血清中可在怀孕第 50 天检测到胎盘泌乳素，第 $120\sim$130 天时达到高峰。在绵羊的子宫中，胎盘泌乳素的结合位点为表达催乳素受体的乳腺上皮细胞。孕体胎盘泌乳素产生的变化与子宫内膜腺体的形态变化有关，也与乳腺上皮细胞产生子宫乳蛋白和骨桥蛋白有关。绵羊胎盘也在怀孕第 $35\sim$70 天产生生长激素，其与乳腺上皮细胞的增生和乳腺上皮细胞产生子宫乳蛋白及骨桥蛋白达到最大关系极为密切。这些结果说明，促乳素和生长激素家族在刺激子宫内膜腺的形态发生和分化中发挥重要作用，因此便于孕体的生长发育。TNFτ 可能参与信号传导的基因表达，包括 STAT1、STAT2、IRF-1、IRF-9 和 40/42-kDa29、59-OAS 等。子宫内膜乳腺上皮细胞表达的子宫乳蛋白增加可能在一定程度上受胎盘泌乳素和生长激素作用的影响，使得子宫内膜腺体增加。

孕酮和孕激素受体是调控动物发情周期和怀孕期子宫生理学和生物学的关键因子，在性成熟的雌性动物，孕酮和孕激素受体在发情周期和怀孕期间的作用应该通过对孕激素受体表达的时空范型来理解。一般来说，子宫基质和子宫肌总是含有孕激素受体，因此能对孕酮发生反应，产生旁分泌因子，在怀孕期调节子宫内膜乳腺上皮细胞的增生及功能，在一定程度上也对子宫内膜腔的功能有调节作用。

第二节 绵羊怀孕的临床诊断技术

诊断绵羊妊娠的方法很多，各种方法在应用时优劣各异，可相互补充不断改进，主要目的是提高诊断的准确率，并尽量早作诊断。理想的妊娠诊断法应具备早、准、简、快的特点，"早"是要在妊娠早期进行；"准"是诊断准确，妊娠诊断率应在85%以上；"简"是操作简便；"快"是获得结果的速度要快。另外，所用的妊娠诊断方法要对母体和胎儿无伤害。

怀孕诊断的一般程序，包括了常用的临床诊断法"问、视、触、听"，结合采用一种或数种特殊诊断法或实验室诊断法，即可作出准确的诊断。

一、临床检查

绵羊妊娠后，其体态、行为等会发生相应的变化。通过临床检查了解这些变化情况，有助于对妊娠与否作出初步判断。

1. 问诊

向饲养管理人员了解绵羊的生活、生理、繁殖（如年龄、胎次、上次分娩时间及情况等）、发情周期、发情表现、配种方式、已配次数和配种时间等情况。还应询问绵羊的饮水、食欲、行为变化和病史等。

2. 视诊

视诊是在问诊基础上，认真观察诊断对象的体态、行为及某些器官系统的变化。

（1）体态观察　妊娠后，因孕期合成代谢增强，营养状况得到改善，体形变得丰满，毛色光滑。至妊娠后半期，腹部不对称，孕侧突出；怀孕绵羊行动时会小心谨慎。

（2）胎动观察　妊娠后期，特别是接近分娩时，由于胎儿在母体内活动，有时可在母羊腹部突出部位观察到无规律的腹壁颤动。

3. 听诊

听诊时可听取胎儿心音，听诊部位可选在绵羊右侧膝皱褶的内侧部位。胎儿心音与母体心音的分辨方法是心率的不同，一般胎儿心率快，在 100 次/分钟以上，而母体心音在下腹部是听不到的。能听到胎儿心音者，可判断为妊娠，且胎儿存活；但听不到胎儿心音时，并不能否定妊娠。

4. 触诊

母羊腹壁触诊有两种操作方法：一是检查者双腿夹住绵羊的颈部（或前躯）保定，两手掌紧贴于下腹壁左右两侧，然后两手同时适度内压，或一侧用力稍大，前后滑动触摸，检查子宫内有无硬块样物存在，若有即为胎儿。另一方法是检查者半跪在绵羊一侧，一手抓持绵羊背部，另一手拇指与其他四指分开呈"V"形，托住其腹下部，适度用力并前后滑动触摸，检查子宫内有无胎儿的存在。触及胎儿者均确诊妊娠，但未触及者不能否定妊娠，可用其他诊断方法作进一步检查。

怀孕后期可以用徒手检查法判断怀孕和未孕。怀孕后期通过腹壁触诊进行怀孕诊断时准确率为 $80\%\sim95\%$；这种方法如果在检查前禁食和禁水 $12\sim24$ 小时则效率更高。采用这种方法时，绵羊一般保定成坐位，术者一手置于羊左侧腹壁，另一手用指尖触诊。虽然这种方法简便易行（每小时可检查 200 只羊），但不能很准确地判断胎儿数量。

绵羊也可用直肠-腹壁触诊法进行怀孕诊断，这种方法主要是通过插入直肠的探针判断怀孕子宫的大小，一般如有诊断经验，则在怀孕后期诊断的准确率较高。虽然直肠探针容易制作，但如没有经验则容易造成损伤。

二、阴道检查

妊娠期间，子宫颈口处阴道黏膜处于类似于黄体期的状态，分泌物黏稠度增加，黏膜苍白、干燥。阴道检查法就是根据这些变化判定动物妊娠与否，但该法所查各项指标，有较大的个体差异。当子宫颈与阴道有病理变化时，孕畜又往往表现不出妊娠征象可判为未孕。阴道检查不能确定妊娠时间，特别是对于早期妊娠诊断，难以作出肯定的结论，所以阴道检查法一般不用作主要的诊断方法。

阴道检查一般于配种后经过一个发情周期才可进行，此时如果未孕，周期黄体已在退化，阴道不出现妊娠时的征象；若已怀孕，由于妊娠黄体持续分泌孕酮，会致阴道出现妊娠变化。阴道检查所要求的术前准备和消毒工作与发情鉴定时所用的阴道检查法相同。消毒不严，会引起阴道感染；操作粗鲁，会引起孕畜流产，故务必谨慎。

绵羊妊娠 3 周后，用开膣器打开阴道时，阴道黏膜为白色，几秒钟后变为粉红色，即为妊娠征象。阴道收缩变紧，开膣器感有阻力；阴道黏液量少而透明，开始稀薄，20 天后

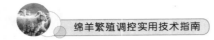

变黏稠，能拉成线，则判为妊娠。未孕母羊的黏膜为粉红色或苍白，由白变红的速度较慢。如果阴道黏液量多且稀薄，流动性强，色灰白而呈脓样者多为未孕。

三、腹腔镜检查

腹腔镜的主体是观察镜（望远镜和内窥镜）镜筒、光导纤维和光源系统，另外配有组合套管和针及送气、排气、照相、电视监测及录像系统等附件。由于内窥镜可以插入腹腔内，直接观察腹腔内脏器，因此在兽医临床上常用以检查卵巢、子宫的状态，并配合其他技术，进行活体采卵、输精和胚胎移植等。

1. 腹腔镜的操作方法

绵羊行局部麻醉，仰卧保定，为了减少腹部压力可使绵羊头侧低于尾侧，使后躯抬高，以方便暴露生殖器官。为便于操作，绵羊在检查前应预先停饲8～12小时。腹腔镜检查术部按外科手术方法剪毛消毒，在靠近脐孔的腹中线皮肤上做一小切口，将消毒导管针穿过切口刺入腹腔；接上送气胶管后向腹腔内轻轻打气，压迫胃肠前移；拔出导管针后，从导管内插入内窥镜，接上光源后即可对目标器官进行搜索观察。操作结束后，慢慢取出各种器械，从排气孔缓缓放出腹腔内气体，最后拔出套管针。整个过程要注意严格消毒、预防感染，必要时可缝合伤口。

2. 腹腔镜检查方法

将腹腔镜用于直接观察妊娠子宫和黄体，可进行妊娠诊断。绵羊在妊娠17天后，即可进行腹腔镜检查，此时黄体发育良好。妊娠30天左右，两侧子宫角不对称，孕角明显变粗，弯曲减少，空角仍呈弯曲状且较细，子宫浆膜下的血管清晰可见；妊娠 45 天后，胚泡部子宫壁变薄，血管变粗，呈树枝状，可见明显的胚泡。孕角变直，直径可达 3～5 厘米，同时空角也增粗，弯曲减少，卵巢位置下降；75 天后，子宫呈袋状，两角界线不明显，子宫壁很薄，壁上血管很粗，分枝清晰可见。

3. 操作注意事项

腹腔镜检查是一项比较细致的诊疗技术，检查结果在一定程度上取决于操作人员的技术熟练程度和操作经验。腹腔镜技术在绵羊妊娠诊断上可以提供高准确率的诊断，具有许多优点，但也应注意以下问题：①麻醉程度要适当；②饱食情况下影响观察，易造成器官损伤；③插入导管针时要掌握好适宜的方向和深度；④镜头送入后如发现插入肠系膜脂肪中，应退出脂肪后再送气，否则会影响观察，并不利于重新调整；⑤操作环境应尽可能无菌、无尘，保持安静；⑥操作完毕放气时速度不可太快，防止腹压突降发生休克。

第三节 绵羊怀孕的影像学诊断技术

一、超声波诊断技术

应用 B 型超声波诊断仪进行妊娠检查的方法主要有体外腹部探查法、阴道检查法和直肠探查法。探查中可根据动物的体格大小和所探查组织器官的部位不同而选择适合的探测方法，以达到理想的探查效果。适合于绵羊探查的有体外腹部探查法和直肠探查法，B 超检查图见图 7-1。

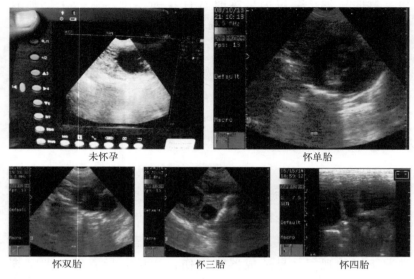

未怀孕　　　　　　　　　　　怀单胎

怀双胎　　　　　　怀三胎　　　　　　怀四胎

图 7-1　B超诊断示意图

1. 体外腹部探查法

用于妊娠早期（40天前）。探查部位可根据子宫及胎儿在腹中的位置选择腹下和腹侧部。探测部位可选择乳房两侧与膝皱褶之间的无毛区域。为保证良好的探查效果，探查部位应先剃毛，然后涂以耦合剂。将探头与皮肤垂直、压紧，以均匀的速度移动或作15°～45°角的摆动或贴随皮肤移动点再做摆动，一旦从荧光屏上观察到清楚的妊娠阳性图像指标即固定图形，通过自动测量系统，移动光标，可测定和记录妊娠指标。探查中应缓慢调整探头角度，使探查范围呈扇形。探头以3.5兆赫或5.0兆赫扇形扫描探头为宜。

2. 直肠探查法

探查时可用手将短小的探头插入直肠内，隔着直肠壁将探头晶片面紧贴在子宫或卵巢上方进行探查，可获得卵巢及其上的黄体、卵泡及妊娠子宫、胎体及胎儿心跳等精细的扫描影像。绵羊可采用长柄直肠探头进行检测。探查时，只需将直肠探头缓慢插入直肠达一定深度后，左右调整探头方向和角度，即可探查到妊娠子宫或胎体。由于直肠探查法可隔着直肠壁在腹腔内移动探头，准确地固定在被探查的组织器官上，所以利用高频率探头（5.0兆赫或7.5兆赫）可获得清晰理想的图像，采用这种技术诊断时，扫描时越接近乳房，怀孕诊断的准确率越高，在怀孕中期之后检查时准确率可以达到100%，区别单胎和双胎的准确率可以达到84%。

3. 超声诊断的安全性

目前对于超声波检查的安全性并没有统一认识，在畜牧业生产中还未见有副作用或对机体产生伤害的报道。但是超声波的使用是有时间限制的。如果使用不当，超声波的热效应、机械效应和化学效应会对机体产生损伤。超声波安全剂量的强度与超声波探查时间成反比，长时间的探查需要较低的安全剂量强度。组织暴露在超声波下数小时，对组织产生副效应的最低超声波强度是100兆瓦/厘米^2。因此，应用超声波进行妊娠诊断不会对机体造成显著的损伤。一般规定，连续对一个断面的探查时间不得超过1分钟。

二、 X射线诊断技术

1. X射线妊娠检查的种类

（1）透视　透视是利用X射线的穿透和荧光作用，将被检查的组织器官投影到荧光屏上，直接进行诊断的一种常规检查方法。透视时可转动体位，改变方向进行观察，了解瞬间的变化。透视的设备简单，操作方便，费用较低，可立即得出结论。主要缺点是屏幕亮度较低，影像对比度及清晰度较差。

（2）X射线摄影　X射线摄影所得的照片常称平片。平片成像清晰，对比度及清晰度均较好，能显影密度、厚度较大或密度、厚度差异较小部位；并可作客观记录，便于复查时对照和会诊。但每一张平片仅是一个方位和一瞬间的X射线影像，为建立立体概念，尚需做互相垂直的方位摄影。

2. X射线诊断法

将X射线通过绵羊腹壁透视胎儿对绵羊进行妊娠诊断。X射线诊断一般要到怀孕中后期才能进行。因为胎儿较小时，骨骼发育尚不完全，不能与周围组织形成明显的对比，不易确诊。该方法是以观察胎儿骨骼为诊断依据，其在绵羊的有效妊娠诊断时间为怀孕65天以上。用X射线透视，可观察到妊娠子宫的形态。

X射线诊断技术除用于怀孕诊断外也可检查胎儿的数量，早期的研究结果表明，准确诊断可以在怀孕55天之后进行。

第四节　绵羊怀孕的实验室诊断技术

实验室诊断就是利用母羊怀孕后，体内的生理变化或胎儿新陈代谢产物进入母体，造成的母畜尿、乳、血液中成分的变化，通过分析这些变化达到怀孕诊断的目的。

一、免疫学诊断法

近年来，用免疫学方法进行早期妊娠诊断受到极大的重视，免疫学诊断法包括红细胞凝集试验、红细胞凝集抑制试验、沉淀反应和乳胶凝集试验等。其诊断的基本原理是，利用怀孕动物胚胎、胎盘或母体组织直接或间接产生的一些化学物质（如激素或酶类），检测这些物质在妊娠过程中呈现的规律性变化，并以此进行怀孕诊断。

1. 红细胞凝集试验

妊娠早期绵羊体内存在特异性抗原，这种抗原可能是胚胎分泌的一种蛋白激素。它在受精后第 2 天即可从一些妊娠母羊的血液中检测出来，受精后第 8 天可从所有妊娠母羊的胚胎、子宫及黄体中检测出来。该抗原可与红细胞结合，用其制备抗血清后，与妊娠 10～15 天的母羊红细胞混合时会发生红细胞凝集现象。若绵羊未孕，则无此凝集现象。该法对妊娠 28～60 天的母羊，阳性和阴性诊断准确率分别为 90% 和 75%。

2. 红细胞凝集抑制试验

抗原或抗体都是用肉眼难以看到的，但如果用一个较大的颗粒（如聚苯乙烯乳胶或绵羊红细胞）作为载体，将抗原或抗体吸附其上，当发生抗原抗体反应时，会使载体颗粒发生肉眼可见的凝集，从而便于肉眼观察和判定结果。红细胞凝集抑制试验就是以红细胞作为载体来观察是否发生此类抗原抗体反应。

3. 沉淀反应

用被检动物的血浆免疫家兔制备抗血清，能与妊娠和未孕的被检血浆在琼脂凝胶上形成沉淀带。但抗血清与未孕动

物血浆中和后，被中和的抗血清只能与妊娠动物血浆间出现沉淀带。故出现沉淀带的为妊娠阳性，反之为阴性。

4. 乳胶凝集抑制试验

乳胶凝集抑制试验（LAIT）是一种免疫测定法，可用来快速测定乳样或尿样中是否存在类绒毛膜促性腺激素（hCG-like）或孕激素。此法是根据胚泡的绒毛膜滋养层细胞和胎盘子叶都能分泌类绒毛膜促性腺激素或孕激素来进行早期妊娠诊断。其操作原理是利用包被于聚苯乙烯乳胶珠上的标准抗原和样品中的抗原竞争结合单克隆抗体的有限结合位点，若出现均匀一致的凝集颗粒则判为空怀，反之为妊娠。

二、孕酮测定法

自 20 世纪 70 年代开始，用放射免疫测定法测定血、乳中孕激素浓度来进行早期妊娠诊断已有大量报道，并建立了早期妊娠诊断的浓度指标。

1. 放射免疫测定法

放射免疫测定法的设备条件要求高，价格昂贵，操作费时并有放射性危害，制约了它在实际中的应用。随着放射免疫测定法诊断试剂盒的研制和应用，有望简化操作步骤、完善保护措施，放射免疫测定法会在家畜早期妊娠诊断中得到更多的应用。

2. 酶免疫测定法

酶免疫测定法是继放射免疫测定法之后发展起来的另一项激素测定技术。它将酶促反应的高效率和免疫反应的高度专一性有机地结合起来，可对生物体内各种微量有机物进行定量或半定量测定，是目前灵敏度高、适应性强、最有希望在生产和临床中推广应用的免疫测定技术。

酶免疫测定法技术的发展十分迅速，迄今已诞生了许多酶免疫测定法新方法。这些方法都有各自的特点。酶免疫测定法以酶作为标态物，将酶促反应的放大作用与抗原-抗体反应的特异性相结合，具有易掌握、快速、成本低、无需昂贵设备、无放射性污染及所用试剂无毒等优点，所以被广泛应用于孕激素等的测定。绵羊在配种后 18 天，若血浆孕酮含量大于或等于 1.5 纳克/毫升为妊娠，小于 1.0 纳克/毫升为空怀。用该法诊断妊娠的确诊率为 95%，诊断空怀的确诊率为 100%。

3. 乳汁孕酮乳胶凝集抑制试验法

孕酮乳胶凝集抑制试验的原理是将孕酮包被在特化的乳胶珠上，使样品中的游离孕激素和乳胶珠上的孕酮竞争与单克隆抗体上的有限位点相结合，利用竞争性配体免疫测定原理进行孕激素的含量测定。具体方法是将等量乳样、孕激素单克隆抗体和孕激素包被乳胶珠混合在一起，涂于反应玻片上。当样品中的孕激素含量高时，则游离的孕激素与抗体发生非凝集性反应，最后在玻板上形成滑状乳胶；相反，若样品中孕激素含量低时，乳胶珠上的孕激素与抗体结合较多，造成乳胶珠凝集，在玻板上形成粒状乳膜。乳胶凝集抑制试验法的灵敏性比酶联免疫吸附试验方法低，但未孕诊断率较酶联免疫吸附试验方法高。

绵羊在怀孕 70～100 天时，胎盘体积达到最大，此时胎盘产生的孕激素显著增加。可以通过测定怀孕 91～105 天的孕酮水平判断胎儿数量，但准确率只有 65%，因此其实用价值不是很高。

三、早孕因子检测法

早孕因子是与早期妊娠直接有关的物质，是受精、妊娠和胚胎存活的重要标志，参与抑制母体的细胞免疫，对母体的妊娠识别和妊娠维持有重要作用。早孕因子是一种糖蛋白，是在妊娠早期母体血清中最早出现的一种免疫抑制因子，通过抑制母体的细胞免疫使胎儿免受免疫排斥。妊娠绵羊在受精后 6 小时即可在血中检出早孕因子。

1. 早孕因子检验原理

目前，普遍采用玫瑰花环抑制试验来测定早孕因子，其含量以玫瑰花环抑制滴度值来衡量（RIT）。使花环形成数目减少 75% 所需 ALS 的最大稀释度就是 RIT 值。RIT 一般以 ALS 稀释倍数的对数值表示。正常情况下用不同供体的淋巴细胞进行玫瑰花环抑制试验，RIT 差异不超过 2。如果用妊娠动物的淋巴细胞或将淋巴细胞在妊娠动物的血清中孵育，RIT 升高，一般在 RIT 大于 14 时认为有早孕因子存在，即判定为妊娠。

早孕因子与 ALS 具有相似的抑制花环形成的能力。目前的实验还表明，在花环抑制试验中，早孕因子几乎没有种属特异性。当淋巴细胞、补体和异源红细胞的量一定时，随着早孕因子含量的升高，ALS 的稀释度增加，RIT 也随之升高。根据该原理，可以检测已孕动物和未孕动物血清或组织中的早孕因子。

2. 玫瑰花环抑制试验检测绵羊早孕因子的方法

一般绵羊在受精后 6 小时，血清中即出现高滴度的早孕因子。绵羊的空怀和妊娠时的 RIT 相应值为 8～10 和 12～26。依据其 RIT 的高低可在配种后数小时至数天内对绵羊作出超早期妊娠诊断或受精检查。

3. 硫酸铜检测法

硫酸铜检测法的原理是在乳样中加入 3％的硫酸铜溶液，硫酸根可使早孕因子发生凝集，从而定性地分析出乳中是否含有早孕因子，以达到妊娠诊断的目的。

在胎儿死亡或流产后很短时间内早孕因子便消失，所以早孕因子还可作妊娠后胎儿存活的判断指标。由于对早孕因子的分子结构目前所知不多，并且所报道的分子量差异很大，其纯品至今尚未获得，致使早孕因子的准确测定方法在早期妊娠诊断中很难建立。如果能进一步确定早孕因子的化学结构，弄清其分子特性，并能人工合成，就有可能开发出早孕因子的放射免疫分析或放射受体分析法。研究简便、准确、灵敏、快速的早孕因子检测方法，是将早孕因子用于早期妊娠诊断的关键所在。

四、怀孕相关糖蛋白测定法

怀孕相关糖蛋白属于天冬氨酸蛋白酶家族，主要是由滋养层双核细胞分泌的。当滋养层双核细胞开始移行、子宫内膜融合并形成胎儿胎盘多核体、胎儿胎盘最终附着时，可在母体血液或乳中检测到怀孕相关糖蛋白。怀孕相关糖蛋白在整个怀孕过程中浓度较高，产后一个月内，水平迅速下降到基础值。因此，怀孕相关糖蛋白不仅是很好的妊娠标志物，也是胎儿胎盘形成良好的标志物。所以，检测怀孕相关糖蛋白比检测孕激素更有意义，其准确性更高。因为一些卵巢疾病，如黄体囊肿等可以引起体内孕激素水平的变化，单纯检测孕激素也常常会引起假阳性，而怀孕相关糖蛋白则不会。关于怀孕相关糖蛋白在早期妊娠诊断中的研究已在绵羊中进行，研究表明，绵羊在人工授精后 36 天，其妊娠诊断的准确率均达到 100％。同时也可以用这种方法来检测胎儿的活动情况，因而此法现在越来越受到人们的重视。

五、雌激素测定法

母体血液中总雌激素的浓度随着怀孕而增加。对怀孕 100～110 天的绵羊通过测定雌激素浓度进行怀孕诊断，准确率为 99％。出生时胎儿的总重量和母体血液中总雌激素的浓度之间有直接关系。如果要准确判定怀羔数，则必须要清楚各个品种或杂种羊母体雌激素的分泌范型。虽然母体总雌激素的浓度在季节之间差异不大，但母体的营养水平和胎儿的基因型则对母体雌激素水平有明显影响。

硫酸雌酮是怀孕母羊血液中主要的雌激素，其浓度在怀孕 70 天之后明显增加，未结合型雌激素（如雌酮）一直到怀孕末期浓度才明显升高。因此虽然硫酸雌酮的浓度随子宫中活胎儿的多少而变化，但个体之间差异很大，因此难以用其判断胎儿的多少。

六、胎盘促乳素测定法

人们对绵羊胎盘促乳素的生物活性及分离纯化进行了大量研究，这种激素由于具有促进生长的作用，因此也称为羊绒毛膜生长激素。

对胎盘促乳素浓度与怀胎数之间的关系进行的研究表明，怀 1 胎、2 胎、3 胎时该激素的浓度分别为（718±227）纳克/毫升、（1378±160）纳克/毫升和（1510±459）纳克/毫升，但胎盘促乳素的最高浓度出现在怀孕的第 130～139 天，此时进行怀孕诊断则已经很迟了。

第八章 ▶▶▶

绵羊产羔调控技术

【核心提示】采用繁殖生物工程技术，打破母羊的季节性繁殖的限制，一年四季发情配种，全年均衡生产羔羊，充分利用饲草资源，使每只母羊每年所提供的胴体重量达到最高值。

第一节　绵羊怀孕期及影响因素

怀孕期是指从受精开始，经由受精卵期、胚胎期、胎儿期，直至分娩的整个生理过程。

一、怀孕期

绵羊的怀孕期为150天左右。在怀孕期，受精卵经过急剧的细胞分化和生长，发育成器官系统完整且结构复杂的有机体。绵羊的妊娠期大致分为三个阶段，第一阶段为胚胎早期，从排卵后几小时内发生的受精开始，到合子的原始胎膜发育为止，此阶段受精卵充分发育，囊胚开始附植，但尚未建立起胚胎内循环。第二阶段为胚胎期或器官形成期，在此阶段胚胎迅速生长分化，主要的组织器官和系统形成，体表外形的主要特征已能辨认。第三阶段为胎儿期，这一时期的

主要特点是胎儿的生长和外形的改变。

绵羊的怀孕期受许多因素的影响，例如怀孕的胎儿数量、胎儿性别、公羊的品种、母羊品种及年龄等。根据绵羊怀孕期的长度，可以将绵羊分为以下几类：①早熟改良肉用品种，如南丘羊、萨福克羊、无角陶赛特羊等，其怀孕期为144～147 天；②成熟比较缓慢的细毛品种，如美利奴羊、兰布列羊等，怀孕期为149～151 天；③杂交长毛品种，如考力代羊等，其怀孕期处于以上两者之间。

虽然就某一种动物而言，其怀孕期是相对稳定的，说明动物可能具有某种测时系统，该测时系统可能能够测定受精时细胞分裂的数量，或者测定合子生成后经过的时间，发挥这种作用的可能是母体、胎盘或者胎儿。此外，绵羊的胎儿能发出启动分娩的信号，而且即使破坏其视神经和视交叉上核都不会受到影响，切除母体的松果腺可使褪黑素分泌的节律受到破坏，但不影响怀孕期的长短。因此光照周期或昼夜节律可能不是决定怀孕期长短的关键因素。

测时系统的另外一种机制可能是每种动物的孕体以一种遗传决定的速度发育，因此当胎儿达到一定的大小或者成熟程度时发出信号，启动分娩。这种信号可通过母体（例如子宫大小）、胎儿（如营养限制）、胎盘（如胎儿对营养的需求增加）等传递。由于以上多种原因，动物的怀孕期最终取决于孕体的生长速度。虽然怀多胎时怀孕期比怀单胎短，例如在绵羊，多胎怀孕时其分娩的时间更接近于单胎（145～150 天）怀孕，而与怀多胎时根据胎儿质量预计的时间（约 120 天）相差较远，因此子宫体积的大小似乎不是决定怀孕期长短的主要因素。破坏绵羊胎儿的垂体或者肾上腺能引起怀孕期延长和胎儿继续增长，这种情况下胎儿不能被娩出而最后死亡，主要是因为子宫不能最后满足胎儿生长的营养需要，因此单独由于子宫体积的增大并不能启动绵羊的分娩。

在怀孕末期胎儿体积的迅速增大超过了胎盘能为胎儿发育提供营养物质的能力，这种应激可能激活了胎儿的下丘脑-垂体-肾上腺轴系，由其发出信号启动分娩过程。由于为胎儿提供的营养受到限制是一个逐渐的过程，但分娩的时间则是确定的，而且急性削减给胎儿的营养供应可以加速分娩的启动，因此有可能分娩的启动是由胎儿基因组中的编码程序决定的，当胎儿在发育过程中某种特殊的需要出现时会启动分娩过程。

二、影响怀孕期的因素

正常条件下，绵羊怀孕期的长短，因品种、多胎性、营养状况等的不同而有差异，并在一定范围内波动。

1. 品种

早熟品种多半是在饲料比较丰富的条件下育成的，怀孕期较短，平均为 145 天；晚熟品种多在放牧条件下育成，怀孕期较长，平均为 149 天。细毛羊品种的妊娠期为 149～151 天，多胎绵羊（如兰德瑞斯）为 142～145 天。一些半细毛羊品种绵羊的平均怀孕期如下：南丘羊 144 天、施罗普夏羊 145 天、有角陶赛特羊 146 天、林肯羊 146 天、萨福克羊 147 天、考力代羊 150 天、中国美利奴羊（151.6±2.31）天、小尾寒羊（148.29±2.06）天。

2. 环境因素

妊娠期的长短除受遗传影响外，还受外界环境的影响。母体的遗传型可通过赋予胎儿的遗传结构和确定胎儿发育阶段的外界环境两个方面对妊娠期产生双重影响。春季产羔的绵羊妊娠期比秋季稍长，夏季产羔妊娠期最短，冬季最长；妊娠期间光照时间长妊娠期亦长，光照时间短妊娠期亦短。

许多研究资料表明，绵羊的产羔时间分布没有明显的昼夜特点，在新西兰，绵羊的产羔高峰是在 00：00～04：00。澳大利亚美利奴绵羊大多数在晚上产羔，而陶赛特羊则大多数在白天产羔。

绵羊的体况及代谢活动可能是影响产羔的重要因素。美国的研究表明，08：00 和 14：00 饲喂之后即出现产羔高峰。饲喂时发生产羔的最少，说明可能在饲喂时由于肾上腺的活动增强而抑制了产羔。

在母羊运动对其产羔开始时间的影响进行的研究表明，晚上转移到新羊圈的母羊与早上新转移的母羊相比，对能否在白天产羔没有明显影响。将怀孕的美利奴母羊转移到新圈并不延迟产羔过程，而在澳大利亚，美利奴羊的产羔高峰是在 09：00-14：00 的 5 个小时之内，在此阶段 28％的母羊产羔。

如果将母羊在整个产羔期持续进行人工光照，虽然饲喂时间对开始分娩的时间有一定影响，但其分娩基本是在 24 小时内均匀分布，而且分娩时间与母羊的年龄和胎产羔数无关。

3. 胎儿数量和性别因素

绵羊怀单胎时妊娠期比怀多胎时要长，怀母羔的妊娠期比怀公羔的短，老龄羊的妊娠期较长，头胎羊的妊娠期比平均妊娠期短 1～2 天。

4. 饲养管理及疾病因素

营养不良、慢性消耗性疾病、饥饿、强应激等能使分娩提前，妊娠期缩短，甚至流产。有些损害子宫内膜和胎盘或使胎儿感染的疾病，可导致早产或流产。

使妊娠期延长的因素主要有：维生素 A 不足，可使妊娠期延长 1～4 天；连续注射大剂量孕激素，可使妊娠期延长；超过正常妊娠期 1 个月者，胎儿大多死亡，发生浸溶或干尸化。绵羊在妊娠头两周误食致畸植物藜芦可致胎儿发生头面畸形，垂体萎缩，妊娠期延长，有的竟达到 230 天。羊怀肾上腺发育不全的胎羔（肾上腺大小只有正常的 1/5～1/4），妊娠期均延长。

近年来研究表明，分娩是由胎儿丘脑下部-垂体-肾上腺轴系来启动的。绵羊的妊娠期延长同胎儿垂体前叶和肾上腺皮质异常有关。垂体萎缩、发育不良或受损，均可使妊娠期延长。肾上腺萎缩或严重发育不良、继发性垂体功能不足时，均可使妊娠期延长。

第二节 绵羊分娩及分娩调节机制

一、分娩前生理状况对胎儿的影响

环境因素对胎儿的生长发育具有重要影响。怀孕母羊持续光照处理后，可能会改变胎儿脑脊液中加压素的 24 小时节律，胎儿在子宫内就能接收光照信息并能对此发生反应，羔羊在出生时血清促乳素的浓度可能在一定程度上能反映出光照对母体的影响。初情期前的绵羊在对光周期的反应上存在明显的性别差异，这种差异可能是由于在胎儿发育过程中睾丸雄激素发挥作用所造成的。但也有人认为，发育中的绵羊

胎儿在出生之前不能利用其接收到的光照信息，但出生之后光照的变化对青年母羊初情期的启动则是十分重要的。

在怀孕的后半期主要为胎儿生长过程，绵羊胎儿的重量在怀孕的最后一个月增加 2 倍左右。怀孕中期的热应激对胎盘生长和胎儿初生重均有明显影响；由于胎盘功能不足可引起胎儿生长迟滞。

舍饲绵羊在产羔前 6 周剪毛，其双羔羔羊的平均初生重比未剪毛母羊所生双羔体重平均重 1 千克，但对母羊的活重则没有明显影响；未剪毛的母羊其怀孕期比剪毛母羊平均短 2 天。舍饲绵羊在产羔之前剪毛，其所产羔羊在出生后头 30 天生长速度平均增加 20%，可能是新近剪毛的母羊在较冷的环境中由于代谢适应使得其内分泌功能发生改变，增加了参与乳汁生产的营养物质。

二、分娩预兆

母羊分娩前，机体的一些器官在组织和形态方面发生显著的变化，其行为也与平时不同，这一系列的变化是为了适应胎儿的产出和新生羔羊哺乳的需要。同时，可根据这些征兆来预测母羊的分娩时间，做好接羔工作。

1. 乳房的变化

母羊在妊娠中期乳房即开始增大，临产前的 1～3 天，母羊乳房迅速增大，稍显红色而发亮，乳房静脉血管怒张，触之有硬肿感，此时可挤出初乳。但个别母羊在分娩后才能挤出初乳。

2. 外阴部的变化

临近分娩时，母羊阴唇逐渐柔软、肿胀，皮肤上的皱褶消失，越接近产期越表现潮红。阴门容易开张，卧下时更加明显。生殖道黏液变稀，牵缕性增加，子宫颈黏液栓也软化，滞留在阴道内，并经常排出阴门外。

3. 骨盆韧带的变化

分娩前1～2周开始松弛。

4. 行为的变化

临近分娩时，母羊精神状态显得不安，回顾腹部，时起时卧。躺卧时两后肢呈伸直状态。排粪、排尿次数增多。放牧羊只则有离群现象，寻找安静处，等待分娩。

上述各种现象，都是分娩即将来临的预兆。但在预测分娩时，不可单独依靠其中某一种变化，必须全面观察，才能作出正确判断。

三、启动分娩的因素

一般认为，分娩的发生不是由某一因素单独引起的，而是由内分泌、机械性、神经性及免疫学等多种因素之间复杂的相互作用、彼此协调所促成的。

1. 内分泌因素

（1）胎儿内分泌的变化 胎儿的丘脑下部-垂体-肾上腺轴系对于发动绵羊分娩有决定性作用，肾上腺分泌的皮质醇水平的升高，使胎儿胎盘内皮质醇浓度升高，诱发胎盘 17α-羟化酶、C_{17}-C_{20} 类固醇水解酶的活动，也可能升高芳香化酶的活性。这种激素作用可将胎盘合成孕酮转向合成雌激素，所以在孕酮下降的同时雌激素的分泌升高，母体雌激素与孕酮比例的升高刺激蜕膜和胎膜中前列腺素 F2α 的合成与释放。因此子宫肌开始收缩，并引起母羊神经垂体释放催产素，它反过来又增强前列腺素 F2α 的释放和子宫肌的收缩力量。在引起子宫收缩的链条中，前列腺素 F2α 是最后一环。

（2）母体内分泌的变化　母羊生殖激素的变化与分娩启动有密切关系。

① 孕酮　孕酮对于维持妊娠起着极为重要的作用，能使子宫肌细胞保持安静，抑制子宫肌收缩，阻止收缩波的传播，使整个子宫在同一时间内不能作为一个整体发生协调收缩，还能对抗雌激素的作用，降低子宫对催产素的敏感性，抑制子宫的自发性或由催产素引起的收缩作用。孕激素浓度下降伴随有前列腺素 F2α 分泌增多，因此孕酮浓度下降时，子宫肌收缩的抑制作用便被解除，使子宫内在的收缩活性得以发挥而导致分娩，这可能是启动分娩的一个重要诱因。

② 雌激素　随着妊娠期的延长，在胎儿皮质醇增加的影响下，胎盘产生的雌激素逐渐增加，分娩前 16～24 小时之内达到最高峰。绵羊在产前 2 天，雌二醇浓度为 20 皮克/毫升，但产前数小时则突然升高至 880 皮克/毫升。体内雌激素水平的增高与孕激素浓度的下降，使得孕激素与雌激素的比值发生改变，因而子宫肌对催产素的敏感性增高。雌激素能刺激绵羊子宫肌的生长及肌动球蛋白的合成，提高子宫肌的收缩能力，使其产生规律性收缩；而且能使子宫颈、阴道、外阴及骨盆韧带松软。分娩时，雌激素能增强子宫肌的自发性收缩，这可能与它能对抗孕酮的抑制作用、刺激催产素受体的发育并刺激前列腺素的合成与释放有关。

③ 皮质醇　胎儿肾上腺皮质激素与绵羊的分娩发动有关，给胎羊灌注促肾上腺皮质激素或皮质醇可诱发早产，切除胎羔垂体或切断垂体柄可使孕期延长，切除胎儿肾上腺同样也可阻止分娩的发动。分娩前胎儿及母体血浆肾上腺皮质

激素明显升高。胎儿肾上腺皮质激素的分泌是发动产前雌激素增加的因素，随着其浓度升高，刺激胎盘中 17α-羟化酶、C_{17}-C_{20} 裂解酶以及环化酶等的活动，使得胎盘中的孕激素转化为雌二醇成为可能。然后，雌二醇再影响前列腺素 F2α 的合成，从而促使分娩的发生。

④ 前列腺素　前列腺素 F2α 的合成与释放大约发生在分娩之前 24 小时。分娩前前列腺素 F2α 的释放对于分娩的发动非常重要，因为前列腺素 F2α 能引起妊娠黄体最终溶解退化，使孕酮下降，解除子宫的抑制状态。孕酮的继续下降，使子宫肌变得更有收缩能力。前列腺素 F2α 又能使子宫平滑肌收缩力加强，这对于第一产程尤为重要。胎儿对子宫颈的压力可使其更易于开张。接近分娩时，子宫颈组织产生的前列腺素 F2α 增多，它与分娩期间子宫颈的扩张有关。绵羊母体子叶中的前列腺素 F2α 浓度很高，相对而言，胎儿子叶的浓度较低。分娩时羊水中的前列腺素较分娩前明显增高，母体子叶中含量更高，而且比羊水中出现要早。母体胎盘不但合成前列腺素，而且临产前雌激素增多也刺激前列腺素的产生及释放。它可以直接从母体胎盘渗入子宫壁，也可由血液循环带至子宫肌而引起收缩反应。前列腺素对分娩所起的主要作用是对子宫肌有直接刺激作用，使子宫收缩增强；溶解黄体，减少孕酮的抑制作用。前列腺素引起子宫平滑肌收缩的作用机制尚不完全清楚，但它可能与子宫肌的腺苷酸环化酶系统相互作用，降低环磷酸腺苷的水平，升高环磷酸鸟苷的水平，从而导致子宫肌收缩。

⑤ 催产素　催产素的释放在胎头通过产道时才出现高峰，使子宫发生强烈收缩，因而可能不是启动分娩的主要因素。但它能刺激前列腺素的释放，前列腺素对启动及调节子

宫收缩具有一定的作用，在胎体排出后还有促进子宫复旧的作用。子宫对催产素的敏感性随孕期不同而异。妊娠早期，子宫对大剂量催产素也不发生反应，因为它会受到催产素酶的分解。妊娠后期，因为催产素酶逐渐消失，仅用少量催产素即可引起子宫强烈收缩。妊娠末期，子宫对催产素的敏感性可增大 20 倍。临产前，孕酮分泌下降，雌激素增多，可以激发催产素的分泌。

⑥ 松弛素　松弛素参与分娩，其主要作用是控制子宫收缩，并使子宫结缔组织、骨盆关节及荐坐韧带松弛，子宫颈扩张。它可能与催产素共同作用，使子宫产生节律性收缩，其间歇期即与松弛素有关。

2. 机械性因素

妊娠末期，胎儿发育成熟，子宫容积和张力增加，子宫内压增大，使子宫肌紧张并伸展，子宫肌纤维发生机械性扩张；因羊水减少，胎儿与胎盘和子宫壁之间的缓冲作用减弱，以致胎儿与子宫壁和胎盘容易接触，产生机械性刺激，尤其是与子宫后部相贴更密切，这就造成胎儿对子宫颈发生机械作用，刺激子宫颈旁边的神经节。这种刺激通过神经传至丘脑下部，促使垂体后叶释放催产素，从而引起子宫收缩，启动分娩。

3. 神经性因素

神经系统对分娩过程具有调节作用。例如胎儿的前置部分对子宫颈及阴道发生刺激，就能通过神经传导使垂体释放催产素，增强子宫收缩。

4. 免疫学因素

胎儿带有父母双方的遗传物质，对母体免疫系统来说，胎儿是一种半异己的异物，会引起母体产生排斥反应。但在正常妊娠期间，因为有多种因素制约，使这种排斥作用受到抑制，而且孕酮也阻止母体发生免疫反应，所以胎儿不会受到母体排斥，妊娠得以继续维持。接近分娩时，由于孕酮浓度急剧下降，胎盘的屏障作用减弱，因而出现排斥现象而将胎儿排出体外。再者，胎儿仅在发育到一定阶段，大约在完全发育成熟，所产生的在免疫学上有保护作用的细胞降到最低数量时，才会使母体发生免疫学反应，排斥胎儿。

四、胎儿发育、成熟与分娩的同步化

发育成熟的胎儿按时分娩，需要能够将胎儿的发育和成熟与母体影响分娩的机制同步化。在绵羊，发挥这种同步化作用的是胎儿肾上腺皮质分泌的糖皮质激素。

怀孕的最后一个月，绵羊胎儿血浆糖皮质激素浓度急剧增加，出现皮质醇峰值。在绵羊，胎盘是维持怀孕的孕酮的主要来源，糖皮质激素浓度的增加不仅加速了胎儿各系统为了适应子宫外生活而出现的各种成熟性变化，而且也诱导胎盘甾体激素合成酶的表达，从而使雌激素的合成超过了孕酮的合成，由于雌激素/孕酮值的增加，激活了胎盘环氧合酶而合成前列腺素，因此增加了子宫肌的活动而发生分娩。

虽然糖皮质激素并不能在所有动物都能发挥促进胎儿成熟和启动分娩的双重作用，但目前的研究表明，所有动物在分娩前都有胎儿糖皮质激素浓度的增加，这种增加可能对怀孕末期促进器官的成熟发挥重要作用。

五、孕酮和雌激素的作用

在怀孕期，虽然子宫增长以维持不断增长的孕体发育的需要，但子宫一直保持相对静止状态。随着分娩的临近，子宫通过增加其收缩和排出胎儿的能力而为分娩做好准备。对大多数动物而言，孕酮是维持怀孕所必需的，其由黄体或在一些动物通过胎盘分泌进入母体血液循环。怀孕期高浓度的孕酮有助于维持子宫的安静。雌激素通常能发挥增强子宫肌细胞合成收缩蛋白的能力，促进电偶联和表达催产素受体，因此使得子宫肌收缩而便于胎儿排出。前列腺素 F2α 也能引起子宫肌收缩，其增加细胞内钙含量的能力受孕酮的抑制，说明孕酮抑制子宫收缩的作用在一定程度上是通过拮抗前列腺素 F2α 的作用发挥的，许多动物分娩之前母体血浆孕酮浓度降低，但怀孕足月前孕酮浓度降低会引起早产。但在有些动物（如豚鼠和人）产前血浆孕酮浓度并不下降，但可以用抗孕酮药物引产。对豚鼠的研究表明，虽然孕酮浓度不下降，但在临产时雌激素受体浓度升高而孕酮浓度降低，说明甾体激素的作用可能是在靶器官水平受到调节而不是通过血浆浓度调节的。

在许多动物，雌激素有利于促进子宫张力的激素，如前列腺素和催产素的合成，也能促进子宫肌层前列腺素和催产素受体的表达，因此其作用与孕酮相反。雌激素诱导催产素受体表达的程度在动物之间差别很大，而且与催产素受体基因是否含有雌激素反应元件及激活的雌激素受体能否与特异性的转录因子结合作用于特异性的反应元件有关。虽然一般情况下雌激素有利于子宫肌收缩，但其并非对所有动物的分娩是必不可少的，雌激素拮抗剂虽然能延缓大鼠的分娩，但不能完全阻止。

六、前列腺素、细胞因子和催产素之间的相互作用

有人认为，分娩的启动机制类似于炎症反应，分娩前后在子宫和子宫颈观察到的变化也与组织损伤时所见到的变化极为相似。有研究表明，分娩时产生的一些炎性因子与组织发生损伤或感染时的基本相同，这些因子中细胞因子 IL1、IL6 和 IL8 及 TNF 对子宫肌的激活均具有重要作用。

炎性因子在分娩中的主要作用可能是促进前列腺素合成酶的表达，由其加速分娩的开始，并能刺激子宫产生前列腺素 F2α。前列腺素 F2α 对多种动物具有促进子宫收缩的作用，注射前列腺素 F2α 在多种动物均能引起分娩，而抑制前列腺素合成酶（PGHS-2）则能抑制分娩。

前列腺素对细胞因子的表达具有正反馈调节作用。虽然前列腺素 E2 并不能在所有动物均引起子宫收缩，但许多动物在怀孕末期胎盘能分泌大量的前列腺素 E2，其能引起子宫颈成熟，因此子宫的活动和子宫颈的变化可同时受到前列腺素 F2α 和前列腺素 E2 的刺激，这种作用见于所有被研究过的动物。

分娩开始以后，产道受到刺激，引起垂体后叶释放催产素，作用于子宫肌层，引起其收缩的频率和收缩的力量加大。如果抑制催产素的作用，则能延缓分娩，但同样不能阻止分娩过程。由此说明，子宫表达有催产素基因，但子宫合成的催产素是否参与分娩的启动或者分娩的完成，目前尚不清楚。

绵羊的怀孕子宫在临产时催产素受体的表达增加，而且这种变化也见于其他动物，催产素受体抑制剂则能延迟分娩。

从以上研究资料可以看出，前列腺素是催产素受体表达

的主要促进因素，前列腺素促进子宫收缩的作用在一定程度上取决于催产素，而前列腺素直接参与对分娩的启动，说明在雌激素、前列腺素合成酶和催产素之间存在复杂的调节通路，而且前列腺素几乎是所有动物共同的激活子宫肌的效应因子。

七、分娩启动的调节机制

1. 胎儿下丘脑-垂体-肾上腺轴系（HPA）的活动

胎儿的 HPA 在许多方面与成年羊相似，但也有许多极为重要的差别：怀孕后期胎儿的大脑仍处于发育阶段；胎儿的 HPA 通过胎盘与母体的 HPA 发生交流。但胎儿 HPA 发挥功能的方式与母羊 HPA 相似，能对各种刺激发生反应，但其活动与成年动物在程度上有明显不同。

许多成年羊血浆促肾上腺皮质激素浓度基本以 24 小时为昼夜节律出现变化，处于持续光照条件下的绵羊，摄食等也可影响这种昼夜节律。但在反刍动物的胎儿，促肾上腺皮质激素的分泌没有内源性节律，甚至成年绵羊的促肾上腺皮质激素浓度也没有昼夜节律。虽然胎儿 HPA 轴系的活动没有昼夜节律，但其具有个体发生的活动特征。怀孕期结束时，胎儿促肾上腺皮质激素和皮质醇浓度基本以半对数级别增加，这种增加可能反映了胎儿下丘脑的活动增加，而且此时的胎儿可能能够识别一些其他信号，例如胎儿的葡萄糖浓度、氧气浓度等，因此使得 HPA 保持很高的活动状态，一直到启动分娩。

在怀孕的最后 2 周胎儿肾上腺明显增大，肾上腺皮质激素（如皮质醇）的血浆浓度和分泌速度在分娩时也显著增加，说明胎儿垂体-肾上腺活动的加强启动了分娩。但皮质醇浓度的增加是否是由于胎儿肾上腺促激素增加或者是由于胎儿肾上腺对基础浓度的促肾上腺皮质激素的反应性增加所致，目前还不清楚。有研究表明，肾上腺敏感性的增加确实在分娩的启动中发挥重要作用。

2. 孕酮和雌激素的合成与分娩

如果没有子宫的收缩则不会发生分娩，而子宫平滑肌收缩的能力取决于其平滑肌细胞的膜电位和细胞之间联系的能力。有理论认为，怀孕结束时，孕激素和雌激素共同发生变化，最终导致了分娩。根据这种理论，子宫肌的活动受胎盘产生的雌激素和孕酮的影响。在怀孕的大部分时间，胎盘合成和分泌大量的孕酮，通过子宫肌细胞的超极化维持子宫肌的安静状态。许多动物在怀孕结束时，相对于孕酮来说，雌激素的产生明显增加，从而使得子宫肌细胞产生去极化，引起其活动。血浆和组织中孕酮和雌激素浓度的变化也引起间桥连接的形成。平滑肌的活化引起前列腺素 F2α 的合成和释放，通过自分泌和旁分泌方式引起子宫收缩。对小鼠的研究也证明，如果敲除前列腺素 F2α 受体，可以完全阻止分娩的发生。

反刍动物在怀孕末期，胎盘具有合成孕酮的酶系统，且阻止了关键的 17α-羟化酶的活性，因此绵羊在产前胎盘可分泌大量孕酮，但雌激素浓度很低。怀孕结束时，血浆皮质醇浓度增加，诱导胎盘中 17α-羟化酶表达，结果雌激素的合成增加。因此，绵羊和其他反刍动物的诱导分娩必须要在怀孕期满，胎儿 HPA 的系统发生已经成熟时才具有作用。

3. 皮质醇的作用

虽然早期的研究表明，胎儿垂体产生的促肾上腺皮质激素可能刺激其肾上腺分泌皮质醇，但后来的研究表明，垂体产生的其他物质也可能作用于肾上腺，通过增加胎儿肾上腺对促肾上腺皮质激素的敏感性增加皮质醇的分泌。在绵羊，皮质醇的增加刺激胎盘酶（17α-羟化酶）将孕酮转变为雌激素，雌激素作用于子宫，使其合成前列腺素 F2α 和前列腺素 E2，两者都能促进子宫收缩。

在前列腺素的影响下，子宫持续收缩，胎儿通过松弛的子宫颈进入阴道，启动垂体后叶释放催产素，催产素加强子宫收缩。

4. 胎盘促乳素

胎盘促乳素可能通过抑制前列腺素的合成而对分娩的启动发挥重要的调节作用；分娩之前胎儿皮质醇的增加可能关闭胎盘促乳素的分泌。

综上所述可以认为，绵羊在怀孕期在孕酮的作用下，子宫肌处于安静状态，但可以发生低频率和低幅度的收缩。接近分娩时，子宫从孕酮作用占主导地位转变为由雌激素作用占主导地位，由此产生两种信号传导，作用于子宫肌肉：①第一种信号传导与平滑肌相似，使子宫肌从怀孕时的"松弛"状态转变为"激活"状态；②第二种信号由 E/P 值增加所引起，引起前列腺素 F 和催产素的释放。这两种途径共同作用，刺激子宫肌收缩，引起子宫颈开张，导致胎儿排出。

胎儿皮质醇启动分娩的靶器官是胎盘，它能诱发母体胎盘细胞内的溶酶体、线粒体及微粒体合成前列腺素，使黄体功能减退，抑制孕酮的产生；能促进胎盘产生雌激素，从而破坏雌激素与孕酮的平衡。绵羊血浆皮质醇的含量随妊娠期的进展而上升，分娩开始之前增加至最高浓度，由未孕时的

1 纳克/毫升增加至 100～200 纳克/毫升。这种增高主要是由于胎儿肾上腺产生的糖皮质醇量急剧增多，触发分娩主要是归因于糖皮质醇，并非盐皮质醇的作用。

绵羊在妊娠后期类固醇激素的产生部位是胎盘，而不是黄体，在正常分娩之前，胎儿促肾上腺皮质激素升高，接着胎儿循环中的皮质醇显著升高，之后则是母羊孕酮浓度的明显下降。

八、分娩过程

分娩过程是指从子宫开始出现阵缩到胎衣完全排出的整个过程。为了叙述方便，可以人为地将其分为三个连续的时期，即子宫颈开张期（第一产程）、胎儿产出期（第二产程）和胎衣排出期（第三产程）。

1. 子宫颈开张期

从子宫角开始收缩，至子宫颈完全开张，使子宫颈与阴道之间的界限消失，这一时期称为宫颈开张期，历时 1～1.5 小时。这一阶段子宫颈变软扩张，一般仅有阵缩，没有努责。母羊表现不安，时起时卧，食欲减退，进食和反刍不规则，有腹痛感。

2. 胎儿产出期

从子宫颈完全开张，胎膜被挤出并破水开始到胎儿产出为止的时间称为胎儿产出期。在这一时期，阵缩和努责共同发生作用。母羊表现极度不安，心跳加速，呈侧卧姿势，四肢伸展。此时，胎囊和胎儿的前置部分进入软产道，压迫刺激盆腔神经感受器，除子宫收缩以外，引起腹肌的强烈收缩，出现努责，在这两种动力作用下将胎儿排出。此期约为

0.5～1 小时。羊的胎儿排出时，仍有相当部分的胎盘尚未脱离，可维持胎儿在产前有氧的供应，使胎儿不致窒息而死亡。

3. 胎衣排出期

从胎儿产出到胎衣完全排出的时间称为胎衣排出期，需要 1.5～2 小时。当胎儿开始娩出时，由于子宫收缩，脐带受到压迫，供应胎膜的血液循环停止，胎盘上的绒毛逐渐萎缩。脐带断裂后，绒毛萎缩更加严重，体积缩小，子宫腺窝紧张性降低，所以绒毛很容易从子宫腺窝中脱离。胎儿产出后，由于激素的作用，子宫又出现阵缩。胎膜的剥离和排出主要依靠阵缩，并且伴有轻微的努责。阵缩是从子宫角开始的，胎盘也是从子宫角尖端开始剥离，同时由于羊膜及脐带的牵引，使胎膜常呈内翻状态排出。

羔羊出生后 0.5～3 小时排出胎衣。排出的胎衣要及时取走，以防被母羊吞食而养成恶习。绵羊正常分娩的胎位是先露出两前蹄，蹄掌向下，接着露出夹在两前肢之间的头嘴部，头颅通过外阴后，全躯随之顺利产出。异常胎位则需要人工助产。

第三节 绵羊诱导分娩技术

诱导分娩是指在妊娠末期的一定时间内，注射激素制剂，诱发母羊终止妊娠，在比较确定的时间内分娩，生产出具有独立生活能力的羔羊。针对于个体称之为诱导分娩，针对于群体则称之为同期分娩。

一、诱导分娩的意义

诱导分娩在绵羊生产中有重要意义。通过诱导分娩，可将孕羊分娩时间控制在相对集中的时间内，便于进行必要的分娩监护和开展有准备的护理工作，能够减少和避免新生羔羊和孕羊在分娩期间可能发生的伤亡。例如，可以将分娩控制在工作时间内，避开节假日和夜间，便于安排人员进行接产和护理，也便于有计划地利用产房和其他设施；控制孕羊同期分娩，可为母羊集中产羔和羔羊同时断乳、同期育肥、集中出栏的全进全出工厂化生产管理提供技术保障，也可为分娩母羊之间新生羔的调换（例如窝产羔多的和窝产羔少的母羊之间）、羔羊并窝或为孤羔寻找养母提供较大的机会；对患妊娠期疾病（如产前瘫痪、妊娠毒血症、妊娠周期性阴道脱和肛门脱、产前不食综合征等）的危重病例或预期可能发生分娩并发症（如怀多胎、胎儿过大等）的母羊，可通过采用诱导分娩技术再配合其他辅助治疗措施，避免母仔双亡。在我国江苏、浙江两省的湖羊产区，盛产胎羔皮，这种胎羔皮是经屠户宰杀妊娠后期母羊破腹取出的，皮质优而价高，很受外商欢迎，对妊娠湖羊进行诱发分娩，避免了"杀羊取皮"的做法，研究发现应用该技术还可使甲级皮上升为 9.87%，而对照组仅为 0.5%，乙级皮诱发分娩组为 39.1%，对照组为 23.27%。在实际生产中，为控制母羊的生理状态，如人为地让母羊空腹，便于开展胚胎移植等工作；或有时母羊没有按照计划配种，也可以终止其妊娠。

二、诱导分娩的适用情况

1. 生理状态

（1）根据配种日期和临床表现，一般都很难准确预测孕畜分娩开始的时间。采用诱导分娩的方法，可以使绝大多数分娩发生在预定的日期和白天。这样既避免了在预产期前后日夜观察，节省人力，又便于对临产孕畜和新生仔畜进行集中和分批护理，减少或避免伤亡事故，还能合理安排产房，在各批分娩之间对产房进行彻底消毒，保证产房的清洁卫生。

（2）在实行同期发情配种情况下，分娩也趋向同期化，这样可为同期断奶和下一个繁殖周期进行同期发情配种奠定基础，也为新生仔畜的寄养提供了机会。同时还可以使羊群的泌乳高峰期与牧草的生长旺季相一致。

（3）胎儿在妊娠末期的生长发育速度很快，诱发分娩可以减轻新生仔畜的初生重，降低因为胎儿过大发生难产的可能性。这适用于临产母羊骨盆发育不充分、妊娠延期等情况。

（4）母羊不到年龄偷配，或因工作疏忽而使母羊被劣种公羊或近亲公羊交配。如果发现得及时，可避免妊娠，否则可通过人工诱产使母畜尽早排出不需要的胎儿。

（5）使动物提前分娩，以达到对仔畜皮毛利用等方面的特殊要求。

2. 病理状态

（1）当发生胎水过多、胎儿死亡以及胎儿干尸化等情况时，应及时中止这些妊娠状态。

（2）当妊娠母羊受伤、产道异常或患有不宜继续妊娠的疾病时，可通过终止妊娠来缓解母羊病情，或通过诱导分娩在屠宰母羊之前获得可以成活的羔羊。这些情况包括骨盆狭窄或畸形、腹部疝气或水肿、关节炎、阴道脱、妊娠毒血症、骨软症等。

三、诱导分娩的方法、步骤和注意事项

1. 甾体激素诱导分娩技术

（1）合成皮质激素的应用　给胎儿注射促肾上腺皮质激素或者皮质醇可以诱导提早分娩。自从人们发现皮质醇可以有效诱导分娩之后，采用高效能的糖皮质激素或者盐皮质激素诱导分娩的研究报告很多。例如地塞米松，其生物活性约为皮质醇的 25 倍，可以作为诱导分娩的药物而用于绵羊的诱导分娩；也有研究采用氟米松或倍他米松等糖皮质激素诱导分娩的研究。

注射合成的皮质激素可以刺激分娩过程中所发生的激素变化，地塞米松可能不能直接引起怀孕绵羊子宫收缩，但处理之后雌激素迅速增加，孕酮浓度迅速降低，这些作用可能是通过胎盘酶发挥的。

母羊注射地塞米松后，胎儿皮质醇水平明显降低，这种抑制作用持续不到 24 小时，然后开始回升，最后明显升高。胎儿肾上腺分泌皮质醇受其处理阶段肾上腺成熟程度的影响，一次注射皮质激素虽然能够引起胎儿皮质醇明显升高，但其诱导分娩的作用只是在正常分娩前一周左右才具有作用。

注射引产药物之后胎儿皮质醇分泌开始时受到抑制，处理之后 1 天左右才可发生分娩。但对已经开始分娩过程的绵羊来说，产羔可能会提前。绵羊的努责一般开始于胎儿产出前 12 小时，因此在皮质激素处理时已经开始努责的绵羊可能会在正常时间内分娩。

环境因素也对母羊每天分娩的时间有一定的影响，虽然胎儿决定其自身分娩的日期，但母体决定其分娩胎儿的确切时间，这对胎儿的生存，尤其是野生状态下胎儿的生存是极

为重要的。对于绵羊来说，全天产羔时间的分布也有一定的变化趋势，在饲喂时产羔情况最少，说明饲喂时由于可摄食而使肾上腺功能活动增加，因此延迟了即将发生的分娩。

（2）皮质醇的剂量及反应　地塞米松作为引产药物使用时其剂量一般为15～20毫克，效能更强的氟米松的剂量一般为2毫克。用其诱导分娩时，因品种不同，因此用药时间应有一定的差别，一般来说应是比本品种正常的分娩期早4～5天。注射药物的具体时间也应该慎重考虑。有研究表明，如果在傍晚处理母羊（20∶00），其发生分娩的时间要比早上（08∶00）处理的绵羊快。此外，母羊的胎次、怀羔数及羔羊的性别等也影响母羊对肾上腺皮质激素处理的反应。

（3）引产后的产羔时间　地塞米松处理之后一般在24～36小时开始产羔，产羔高峰出现在36小时后，72小时之内全部完成产羔。虽然早期的研究表明，地塞米松处理诱导产羔之后羔羊的生长发育正常，母羊以后的生育力也正常，但也有研究表明，这种方法处理之后可以延长从产羔到排出胎衣的间隔时间，分娩6小时之内不能排出胎衣而发生胎衣不下的比例也升高。

（4）皮质激素与其他药物合用　如果在诱导分娩时将皮质激素与克仑特罗及催产素合用，可以降低产羔时间的变异，催产素处理也可以减少克仑特罗处理母羊产羔时间的变异。单独使用糖皮质激素或前列腺素最可行的方法是在妊娠期的最后1周内，用糖皮质激素进行诱导分娩。在绵羊妊娠144天时，12～16毫克地塞米松或倍他米松或2毫克氟美松可使多数母羊在40～60小时内产羔。在妊娠141～144天注射15毫克前列腺素F2α亦能使母羊在3～5天内产羔。绵羊胎盘从妊娠中期开始产生孕酮，从而对前列腺素 F2α 变得不敏感，用前列腺素 F2α 诱发分娩的成功率不高；如果用量过大则会引起大出血和急性子宫内膜炎等并发症。因而，在绵羊上难以推广应用前列腺素 F2α 诱导分娩。

2. 雌激素诱导分娩技术

随着怀孕的进展，大多数哺乳动物母体血浆中雌激素浓度升高。绵羊分娩之前雌激素浓度明显升高，最明显的升高出现在产羔前 48 小时。

早期研究发现，绵羊可以采用雌激素诱导分娩。如果在怀孕的最后一周采用天然雌激素，如 15～20 毫克苯甲酸雌二醇，也能有效诱导绵羊分娩。爱尔兰的研究发现，苯甲酸雌二醇和地塞米松在诱导绵羊分娩上效果相当。

如果能确切地知道怀孕时间，则用苯甲酸雌二醇进行同期分娩比采用地塞米松效果更好，用 20 毫克苯甲酸雌二醇处理，绝大多数母羊在处理后 48 小时内完成分娩。但有研究表明，雌二醇处理之后有些母羊没有反应，这些母羊一般多发生难产，而且羔羊在围产期发生死亡的情况也比较多，其主要原因可能是苯甲酸雌二醇的剂量不当。

雌二醇对泌乳可能有促进作用，这可以从羔羊出生后几周内增重迅速反映出来。苯甲酸雌二醇不仅是诱导绵羊产羔的有效药物，而且能够增加白天产羔的母羊数量。在怀孕的最后一周（142 天）注射 2 毫克苯甲酸雌二醇可以有效诱导分娩，如果将苯甲酸雌二醇的剂量增加到 15 毫克，则难产的发生率增加 50%，且大多数情况下为胎位不正所引起。因此 2 毫克苯甲酸雌二醇可能是诱导绵羊分娩的安全剂量。

四、影响诱导分娩的因素

1. 妊娠期

可靠而安全的诱发分娩，其处理时间是在正常预产期结束之前数日，如绵羊应在产前 1 周内。超过这一时限，会造成产死胎、新生仔畜死亡、成活率低、体重轻和母羊胎衣不下、泌乳能力下降、生殖功能恢复延迟等不良后果，时间提早越多，有害影响越大。因此，应用诱发分娩技术必须以知道母羊确切的配种日期为前提。此外，胎儿在母体内的成熟程度也受母羊妊娠饲养水平、个体差别、产羔类型等多种因素的影响，因此研究制定母羊诱发分娩的适宜时机的具体标准显得尤为重要。

2. 药物使用

药物的种类和剂量影响诱导分娩的效果。目前控制分娩时间的准确程度只能是使多数被处理母羊集中在投药后 20～50 小时内分娩，很难控制在更严格的时间范围内。可见，如何掌握药物的种类和剂量，将诱发分娩时间控制在更加精确的时间范围内，是该技术将进一步深入研究的课题。

第四节　绵羊诱导分娩的管理技术

绵羊诱导分娩技术的成功离不开科学的饲养管理技术。若实际生产中某一环节跟不上（如设备、人力、监护质量等），可能会得到相反的效果。

一、估计预产期，正确使用药物处理

可靠而安全的诱发分娩，决定于处理的时间，一般在正常预产期结束之前数日，超过这一时限，对母羊和羔羊都会带来负面影响。同时，正确使用药物来诱导分娩，才能获得预期的结果。估计预产期，正确使用药物处理应注意以下几个方面。

1. 做好绵羊发情鉴定，提高受胎率

做好绵羊发情鉴定，是做到适时输精和提高受胎率的重要保证。准确鉴定绵羊发情对及时进行配种、提高受胎率有十分重要的意义。

2. 做好绵羊妊娠诊断，估计预产期

配种后的母羊应尽早进行妊娠诊断，能及时发现空怀母羊，以便采取补配措施。对已受孕的母羊加强饲养管理，避免流产，这样可以提高羊群的受胎率和繁殖率。

3. 做好配种和妊娠记录

应仔细作好配种记录，记载预产期。缺少记载，则无法进行管理，也无法确定诱导分娩的时间。

二、同期发情同期配种，提高诱导分娩技术的经济效益

在自然情况下，母羊出现的发情是随机的、零散的。采用激素或类激素药物处理，人为地控制并调整母羊发情周期、使一群母羊在特定时间内集中发情和排卵，有计划地合理地组织配种，再结合诱导分娩技术，使配种、妊娠和分娩等过程相对集中，便于商品羊和羊产品成批上市，有利于更合理地组织生产，节约费用，对于现代化畜牧业管理具有很

大的实用价值。

三、做好分娩母羊的护理，提高泌乳能力，尽早恢复生殖功能

目前的诱发分娩技术仍不能完全克服其副作用，例如可导致胎衣不下、母羊泌乳力下降、生殖功能恢复慢等。应做好分娩母羊的护理，提高泌乳力，迅速恢复生殖功能。

1. 产羔前的准备和接产

产羔前，应在羊舍内开辟专用的分娩栏（2米²/只）或专门的产房，要求产房向阳、背风、干燥、空气新鲜，温度最好保持在10℃左右。先将产房打扫干净，墙壁和地面用5％的烧碱溶液或2％～3％的来苏尔喷洒消毒。产羔处要铺垫短、软、洁净的褥草（要消毒），长草容易绊缠羊腿，易造成压死羔羊的事故。产房要干燥，潮湿的产房容易出现各种问题。备好产箱，箱内应备有碘酒、药棉和经消毒的线绳、剪刀、毛巾、纱布条，对于大型羊场，应同时准备台秤、产羔登记卡、接产器具和催产素等。助产人员助产时必须先剪短、磨圆指甲，并对手臂消毒。

诱导分娩处理的母羊进入产房，并安排人员进行观察，准备接产。对临产母羊的外阴部进行清洗和消毒，对母羊乳房周围、后肢内外侧、尾根、肛门等处用温肥皂水洗净，并用1％来苏尔或0.1％新洁尔灭溶液冲洗消毒，并让母羊饮盐水和麸皮水。

准备充足的饲草料，而且质量也要比较高，既要营养丰富，又要容易消化。混合精料一定要是营养比较全面的配合料和混合料；干草最好是富含豆料牧草和适口性强、容易消化的杂拌干草，还要有一定数量的块根块茎类饲料和青贮饲料。

若遇瘦弱母羊，收缩力不强时，当胎儿嘴已出阴门后，用手捏住羔羊的两前肢，趁母羊努责顺势向下拉；若遇胎儿一前肢伸出，另一前肢弯向胎儿腹部，颈部或背部挡住阴道时，可将胎儿推回产道，恢复胎儿正常体位后方能产出。新生羔羊的脐带会自然扯断，有的脐带不断，可用手拧断，再用碘酒涂抹或浸泡处理，以免各种致病微生物通过脐带进入羔羊体内引起感染。脐带过长有拖地现象的，应在距羔羊腹部 5～10 厘米处切断脐带，用外科缝合线结扎，再用碘酒浸泡一下，这样可以防止病菌感染，还可以使脐带迅速干燥。羊的胎盘通常在分娩后 2～4 小时内排出。胎盘排出的时间一般需要 0.5～8 小时，但不能超过 12 小时，否则会引起子宫炎等一系列疾病。7～10 天内常有恶露排出。若胎衣、恶露排出异常，要及时请兽医诊治。胎衣排出后要及时清除以免母羊吃掉。产后 1 小时左右应给母羊饮 1 升左右拌有麦麸、食盐的温水，3 天内喂给质量好、易消化的饲料，减少精料喂量，以后可逐渐改喂正常的日粮。羔羊产出后，应迅速把口、鼻、耳内的黏液擦净，羔羊身上的黏液最好让母羊舔净，以便母仔相认，对恋羔性差的母羊，可将羔羊身上的黏液涂在母羊嘴上，引诱它舔。如果母羊不舔或天气寒冷，应迅速把羔羊擦干，以免受凉。若因分娩时间长，羔羊出现"假死"，可提起羔羊两后肢，使羔羊悬空，同时拍打其背部、胸部使羔羊复苏，也可以使羔羊平卧，用两手有节律地推压羔羊胸部两侧，使其复苏。母仔应关在同一个栏内。产后母羊应供给温水，最好加入少量麸皮和食盐。羔羊产下后 10～40 分钟便可以站立起来，此时应尽早让羔羊吃到初乳。

用剪刀剪去母羊乳房周围的长毛，然后用温热消毒水清洗乳房，擦干，挤出最初的几滴乳汁，帮助羔羊及早吃到初乳。

2. 难产和助产

母羊的难产原因有产力性难产、产道性难产和胎儿性难产三种。前两种是由于母绵羊反常引起的，多见于阵缩、努责微弱和产道狭窄；后一种是由于胎儿反常引起的，多见于胎儿过大、双胎难产及胎儿姿势位置方向不正。在以上三种难产中以胎儿性难产最为多见。由于羊胎羔的头颈和四肢较长，容易发生姿势不正，其中主要是胎头姿势反常。初产母羊因骨盆狭窄，胎儿过大常出现难产。

在母羊羊膜破水后 20 分钟左右，母羊不努责，胎膜未出来时就应助产。助产前应查明难产情况，重点检查母羊的产道是否干燥，有无水肿或狭窄，子宫颈开张程度等。检查胎儿是否正生、倒生以及姿势、胎位、胎向的变化，而且要判断胎儿的死活等。这对助产方法的选定具有重要作用。助产的方法主要是强行拉出胎儿。助产时应使母羊呈前低后高姿势，使胎儿的异常部位处在上方，避免因受母羊自身压迫而影响助产。当胎儿过大时，助产员先将母绵羊阴门撑开，把胎儿的两前肢拉出来再送进去，重复 3～4 次，然后一手拉前肢，一手扶胎儿头，随着母羊的努责，慢慢向后下方拉出。拉时不要用力过猛，也可将两手指伸入母羊肛门内，隔着直肠壁顶住胎儿的头部与子宫阵缩配合拉出，只要不伤及产道，可达到助产的目的。如果体重过大的胎儿兼有胎位不正时，应先将母羊身体后部用草垫高，将胎儿露出部分推回，手伸入产道摸清胎位，予以纠正后再拉出。助产时，除挽救母羊和胎儿外，要注意保护母羊的繁殖能力。因此要避免产道的感染和损伤，特别是使用器械时尤应小心。母羊横卧保定时，须尽量将胎儿的异常部位向上，以利操作。助产后，为预防感染和促进子宫收缩，排出胎衣，除注射抗生素药物外，还应注射催产药物，如注射催产素 10～20 国际单位等。对于胎儿过大、子宫颈或骨盆腔狭窄，尤其是胎儿尚活着的时候，应及时实施剖宫产手术，争取使母仔存活。

3. 母羊催乳

初产母羊少乳是泌乳系统发育不充分或营养水平低所致。应在产前两周及产后泌乳期，每日人工按摩乳房 1～2 次，加强乳腺运动功能，激活乳腺产乳和排乳的新陈代谢过程，促使乳腺发育及泌乳。每日喂 100 克黄豆，可提高母羊乳腺分泌功能。

母羊过肥而导致泌乳少时可用激素催乳，通过神经和体液调节，改善泌乳功能。用促乳素皮下注射，每次 500～1000 国际单位，连续注射两次显效。对于瘦母羊，缺乳主要是营养不良和一些消耗性疾病所致。应根除病因并调整日粮，延长放牧时间，在吃青促膘的同时，补充营养丰富、可提高泌乳功能的优质精料，每只羊每天饲喂黄豆 100 克，一般用水拌匀饲喂。

羊患隐性乳腺炎会导致乳汁瘀结，乳头堵塞，乳汁不排出。在热敷软化的同时，随即用手不停轻揉按摩乳房，边揉边挤出乳房瘀汁，直至挤净瘀汁，肿块消失。对很难挤出的乳房瘀汁，给羊注射垂体后叶素 10 国际单位，便会促进下乳。泌乳羊患乳腺、胃肠等疾病，乳腺功能衰退，泌乳量减少，在对症治疗、喂富含营养的饲料、恢复体力的同时，可用下列方法促进其泌乳：①每日注射垂体后叶素 10 国际单

位，连用 2 天；②用催乳片或中药黄芪、穿山甲等，煎水喂给，每日 1 剂，连用 3 天。

四、做好初生羔羊护理，保证成活率

羔羊出生后，由母体内转为母体外，生活环境骤然发生改变，为使其逐渐适应外界环境，必须做好羔羊的护理。诱发分娩获得的羔羊，由于诱导分娩技术的应用，对母羊和羔羊产生某些不良的影响，新生羔羊体重轻、成活率低。羔羊的日常护理应做到三防（防冻、防饿、防病）、四勤（勤检查、勤配奶、勤治疗、勤消毒）。

1. 防冻

在养羊生产中，新生羔羊体温过低是体弱、死亡的主要原因。羔羊的正常体温是 39～40℃，一旦低于 36℃ 或 37℃ 时，不及时救治会很快死亡。出现羔羊体温过低的主要原因：一是出生后 5 小时之内全身未擦干，散热过多造成的；二是出生 6 小时以后（多半在 12～72 小时）因吃不足奶，导致饥饿而耗尽体内有限的能量储备，而自身又难以产生需要的热能。初生羔羊由母羊舔干净身上的黏液，用干净布块或干草迅速将羔羊抹干，以免羔羊受凉。羊舍应注意保暖，防潮，避风，防雨淋。保持舍内干燥、清洁、勤换垫草。冬季及早春如天气寒冷时，应注意保温。同时初生羔羊应使其尽快吃到初乳，增强对寒冷的抵抗力。

2. 防饿

羔羊出生后及时吃到初乳，对增强体质、抵抗疾病和排出胎粪具有很重要的作用。因此，应让初生羔羊尽量早吃、多吃初乳，吃得越早，吃得越多，增重越快，体质越强，发病少，成活率高。

3. 防病

初生羔羊生长快、对营养物质的需求量大、饲养管理技术要求高、疾病抵抗力差，若饲养不当、预防措施不力，则羔羊成活率低，死亡率高，往往造成重大损失，所以应注重疾病的防治。做好适配母羊的驱虫和预防注射工作，在配种前1个月用盐酸左旋咪唑按每千克体重6～8毫克内服，或丙硫咪唑按每千克体重5～15毫克内服进行驱虫，还可以采用克虫星（伊维菌素）针剂按标签说明肌内注射驱虫，驱虫后即可注射羊四联苗，能有效预防羔羊痢疾的发生。同时抓好怀孕母羊的饲养管理，做到"母肥子壮"。饮水以干净的温水为宜，水温不能低于20℃，圈舍要勤打扫，保持干燥，保温，避风。在产羔前应对圈舍、用具进行全面彻底的清理和消毒，对产羔围栏更换垫草，铺撒草木灰。在产羔期内定期消毒，更换垫草，保持良好卫生环境。对病羔设隔离圈单独饲养，并做到一畜一消毒、更换垫草。羔羊出生后要按时让其吃足母乳。对羔羊脐部应严格消毒、防止感染，出生当日注射破伤风抗毒素1支。抓好羔羊断奶关，羔羊60天断奶为宜，断奶时应逐步进行，使羔羊有一个适应过程。对羔羊要每天进行仔细观察，发现病羊立即隔离治疗，并对病羔接触后的用具和场所进行彻底消毒，病羔用过的垫草烧毁，对病死羔消毒后深埋。

4. 勤检查

主要检查羔羊的精神状态和母羊的泌乳情况，以便及时处理，减少经济损失。发现羔羊营养不良，应注意辅助哺乳；对病羊应及时隔离治疗；对于死羊应马上处理。

5. 勤配奶

对失去或找不到母羊的羔羊，可改用牛奶进行人工哺乳。应选择乳脂率高的牛奶，30 日龄前不宜用乳脂少的鲜奶，最好选用其他羊的乳汁。奶温以 30℃ 左右为宜。开始 5 天内 1 天喂 5 次，以后减为 3 次，20 天后 1 天 2 次。应注意羔羊的消化或腹胀、腹泻等症状。

6. 勤治疗

对病羔羊做到早发现，及时采用抗生素或磺胺类药物进行治疗。对四肢瘫软、口鼻俱凉、呼吸微弱的濒死羔羊，应采用相应的方法治疗。

7. 勤消毒

注意圈舍卫生消毒和母羊乳房清洁卫生可有效预防各种疾病的发生。

第九章

绵羊胚胎移植及延伸技术

【核心提示】通过采用胚胎移植技术可增加母羊的选择强度，减少世代间隔，可促进绵羊的遗传改良。而且也可从羔羊获取卵母细胞，用体外受精技术生产胚胎。绵羊的胚胎移植技术也对研究其生殖生物学特性具有极为重要的意义。

第一节　绵羊超数排卵技术

绵羊可在发情周期接近结束时（周期11～13天）或在采用孕激素处理进行发情调控结束时注射促进卵泡发育的药物进行超数排卵。20世纪90年代由于超声扫描技术在观察绵羊卵泡发育状态中的应用，人们对超排之后绵羊卵泡发育的动态变化进行了大量研究，也可以采用这种方法检查超排效果，尽早鉴别没有反应或者反应不良的绵羊。

一、超排处理方案

1. 超排激素及超排效果

（1）孕马血清促性腺激素　绵羊超排中应用最为广泛的

促性腺激素是孕马血清促性腺激素。孕马血清促性腺激素的生物活性类似于垂体促性腺激素和人绒毛膜促性腺激素，能够促进卵泡生长、雌激素产生、排卵、黄体化和孕酮合成。孕马血清促性腺激素在体内的半衰期比其他促性腺激素长。

① 对孕马血清促性腺激素处理的反应 对自然发情的绵羊，孕马血清促性腺激素可以引起与剂量相关的卵巢反应。如果在周期的第 12～13 天用孕马血清促性腺激素处理，孕马血清促性腺激素的剂量从 700 国际单位增加到 1300 国际单位时，平均排卵数可从 2.8 个增加到 9.1 个；但是随着孕马血清促性腺激素的剂量增加，大的不排卵卵泡的数量也增加，因此一般认为 2000 国际单位可能是最大有效剂量。

② 孕马血清促性腺激素抗体 孕马血清促性腺激素广泛用于超排，但主要缺点是作用时间太长，因此可以引起促卵泡激素的第二次排卵后高峰，同时卵泡产生的甾体激素升高。这些副作用可在使用之后通过用孕马血清促性腺激素抗体中和孕马血清促性腺激素而得到有效消除，如果采用单克隆抗体，则效果更好，在发情开始之后 12～24 小时处理，则产生的可移植胚胎的数量会明显增加。

在使用孕马血清促性腺激素时，如果剂量过高，会引起未排卵卵泡的黄体化数量增加，最佳反应出现在处理结束后 24～48 小时发情的母羊，每只羊平均可以收获 9 枚胚胎，而且胚胎质量的差异也没有像采用孕马血清促性腺激素时那样明显。

（2）垂体制剂 20 世纪 80 年代垂体制剂开始用于胚胎移植，在采用垂体制剂时需要进行一系列注射以启动卵巢反应，这种反应受垂体制剂注射剂量的影响。一般来说，就处理后的受精率和回收的胚胎数来看，绵羊用垂体制剂处理，在采用子宫颈输精时，效果比孕马血清促性腺激素好。

（3）尿促性素　超排效果与孕马血清促性腺激素相当，排卵数及高质量的胚胎数明显比采用垂体制剂较多。

2. 超排处理方法

（1）单次促卵泡激素处理　许多人试图对促卵泡激素的超排程序进行简化，以便注射一次促卵泡激素就能达到效果，以节约时间和劳动力。有研究表明，如果绵羊在同期发情撤出海绵栓之前 36 小时时一次注射促卵泡激素，其排卵率与多次注射促卵泡激素相同。撤出海绵栓时一次注射 25 毫克促卵泡激素，超排效果比在 4 天的时间内重复注射更好。如果将垂体制剂溶解在丙二醇中，周期第 13 天一次注射，则排卵率比对照明显较高。

（2）垂体制剂与孕马血清促性腺激素合用　垂体制剂单独处理的主要缺点是有些绵羊不出现超排反应，因此可采用促卵泡激素和孕马血清促性腺激素合并用药处理，两者合用时超排效果比单独使用垂体制剂好。孕马血清促性腺激素可采用中等剂量，与垂体制剂合用后胚胎质量比两种激素单独使用好。

（3）前列腺素与促性腺激素　前列腺素 F2α 及其类似物也可用于绵羊的超排处理。例如可以在促性腺激素处理之后用氯前列烯醇溶解黄体。用孕马血清促性腺激素处理之后 24～72 小时注射 100 微克氯前列烯醇，大多数绵羊可在处理之后 36 小时发情。但对孕马血清促性腺激素处理绵羊再用前列腺素 F2α 处理时，一个主要问题是超排处理之后形成的黄体提早退化。

（4）孕激素与促性腺激素　　在绵羊的超排中，许多研究试图用促卵泡激素或孕马血清促性腺激素结合孕激素处理，将超排与发情控制相结合。在这种处理方法中，可以在撤出孕激素海绵栓前 48 小时、24 小时或者在撤出海绵栓的同时一次注射孕马血清促性腺激素。

垂体制剂通常是在几天内分次注射，最后一次注射的时间应该是在孕激素处理结束之后的 12 小时。如果连续注射垂体制剂一直持续到发情开始而不是在孕激素处理结束时停止，则可获得最好的超排反应。

有研究认为，孕酮缓释装置中的孕激素剂量对胚胎质量有明显影响。如果用体内药物控释装置进行同期发情，则在用促性腺激素处理之后会出现卵泡的异常发育；但如果采用 2 个体内药物控释装置处理，超排反应结果与阴道海绵栓处理的结果相似，处理母羊的孕酮浓度明显比用 1 个体内药物控释装置处理时高。

3. 促排卵激素的应用

绵羊在超排时是否需要用促排卵激素，使用之后能否提高排卵率，目前仍没有定论。有研究表明，对孕激素和促卵泡激素处理的绵羊注射促黄体生成素没有明显效果，也可能是绵羊垂体含有足够的促黄体生成素来诱导发生超排。

有研究表明，如果用促性腺激素释放激素处理绵羊 2 周（40 微克/天），可以明显提高超排羊胚胎的质量；如果采用促性腺激素释放激素连续释放装置处理 15 天，能显著增加可移植胚胎数。

还有研究表明，如果在促卵泡激素处理之前用皮下促性腺激素释放激素缓释装置处理绵羊，产生的胚胎质量明显提高，但与人辅助生殖技术不同的是，绵羊必须采用注射的方法，而人可通过鼻内途径给药，因此限制了其在生产实践中的应用。

4. 黄体提早退化

超排处理之后黄体提早退化的原因尚不清楚。如果在自然发情周期的第 12 天注射孕马血清促性腺激素之后不同间隔时间，用氯前列烯醇处理母羊，结果表明用前列腺素处理对黄体的提早退化没有多少作用。如果将 1350 国际单位尿促性素分成不同的剂量在周期的黄体期中期进行处理，第一次处理之后 36 小时注射前列腺素 F2α，可因黄体的提早退化而使胚胎质量下降。

5. 重复超排

成功的超排及胚胎移植技术应该能够重复利用供体动物，使其能对促性腺激素重复处理发生反应。用孕马血清促性腺激素和糖皮质激素进行重复超排的研究表明，绵羊可以在 6～9 个月的时间内进行 3 次超排，超排可在乏情季节进行，也可在繁殖季节进行，对超排效果没有明显影响。

澳洲美利奴羊用 1000 国际单位孕马血清促性腺激素在每个发情周期进行超排处理，连续进行 12 个月，发现对促性腺激素的超排处理的反应性没有发生明显变化，因此可以重复进行超排处理。日本和法国的研究也表明，重复超排后没有发现排卵率下降，但由于采用手术方法，因此每次超排引起的粘连等也存在一定问题，因此建议可以重复超排 3 次。但如果采用非手术法，则可使超排重复次数大为增加。此外也可采用腹腔镜技术进行绵羊胚胎的回收和

移植，重复回收可在每个月进行 3 次，回收率可以达到 75％～80％。

二、影响超排反应的因素

1. 品种

高产绵羊对超排的反应比低产绵羊好，生长卵泡的数量也比低产绵羊多，因此有更多的卵泡能对孕马血清促性腺激素的超排发生反应。例如，从高产羊群选择的罗姆尼绵羊用孕马血清促性腺激素超排之后排卵卵泡的数量就比低产母羊多；选择用来生产多羔的美利奴羊超排之后其排卵卵泡的数量比选择用来生产双羔的母羊多 3 倍。上述研究结果表明，高产绵羊的卵巢可能对促性腺激素更加敏感。例如，布鲁拉美利奴羊对 1000 国际单位孕马血清促性腺激素的反应平均排卵数为 12 个，而对照组的澳洲美利奴羊的排卵数仅为 7 个，但也有研究表明布鲁拉美利奴羊对垂体制剂的处理似乎不敏感。

2. 季节

用垂体制剂进行超排处理，其反应性与处理的季节没有明显关系，但也有研究表明，在非繁殖季节进行超排时其反应明显比在繁殖季节好；春季超排时排卵率明显比秋季低，但胚胎的发育能力在不同季节没有明显差别。

3. 营养与体况

母羊超排前后的孕酮水平对胚胎的存活有明显影响，而血浆孕酮浓度又与绵羊的营养摄入呈负相关，超排母羊排卵前营养摄入过高，可使排卵前孕酮浓度降低，使胚胎的产量和质量明显降低。这一研究结果在绵羊的超数排卵胚胎移植中具有重要意义，超排母羊在配种之前的突击饲喂不能使排卵率增加，相反可使排卵前的孕酮水平降低，因此对胚胎发育和胚胎质量均产生严重的不良影响，如果通过采用外源性孕酮处理，则可改变这种影响。绵羊的体况对排卵反应和胚胎的产量及质量具有极为显著的影响。采用促性腺激素进行超排处理时如果卵巢上有大卵泡，则会降低绵羊的超排反应，如果其处理时没有大卵泡，则超排反应明显较好。

4. 年龄

超数排卵胚胎移植中供体羊的年龄对超排有一定的影响，例如成年的德克塞尔绵羊和周岁绵羊超排后的排卵率可能相似，但年轻母羊的胚胎质量和生存率比成年羊的低。

2～8周龄的羔羊可以用孕马血清促性腺激素或人绒毛膜促性腺激素诱导超排，但初情期前的羔羊产生的胚胎的发育能力不如成年羊的好。

如果将初情期前羔羊产生的胚胎进行体外培养或直接进行移植，发现1岁以前的羔羊对超排的反应及受精率都比较低，而且胚胎发育能力也低，可能是初情期前羔羊产生的胚胎发育能力低所致。

5. 激素处理

如果采用孕激素/促卵泡素/前列腺素超排及子宫内输精，则8月龄羔羊的超排可以达到成年绵羊的水平，胚胎的质量也较高。如果在羔羊接近初情期时的发情周期的早期或后期进行超排，不影响其对同期发情和超排的反应，卵泡发育正常，促黄体生成素峰值及排卵数也正常。

促性腺激素释放激素处理可以作为一种提高绵羊胚胎回

收率的方法，可以提高受精率和胚胎数量。对用孕马血清促性腺激素处理的绵羊，促性腺激素释放激素可以在孕激素处理之后 24 小时使用；用促卵泡激素处理的绵羊可在 36 小时用促性腺激素释放激素处理。对 8～9 周龄的绵羊可在撤出孕激素后 24 小时用促性腺激素释放激素处理。

褪黑素处理可以影响绵羊的排卵反应，将法兰西岛的母羊在配种前埋植褪黑素（36 毫克）30～50 天，结果表明褪黑素处理可以促进乏情期后期的超排反应，但对繁殖季节的超排则没有影响。但也有研究表明，对乏情受体羊长期用褪黑素处理有利于胚胎移植，对供体羊用褪黑素处理则没有多少效果。

绵羊从发情周期的第 5 天开始用牛生长激素处理 13 天，再注射一次孕马血清促性腺激素进行超排，再每天 2 次注射促卵泡激素，连用 4 天，排卵率及小卵泡的数量都没有明显增加。

第二节　绵羊胚胎移植技术

一、供体羊的配种

1. 手术人工授精技术

无论采用何种方法配种，超排之后的受精率低是绵羊胚胎移植中的主要问题之一。一般来说超排的期望结果是每个供体产生 10 个以上的受精卵。如果绵羊在超排之后直接将精液输入到子宫角可以获得较高的受精率。虽然供体羊子宫内输精后的受精率可以超过 90％，但胚胎回收率会显著降低。

如果采用手术法在母羊发情时尽快进行子宫内输精，对子宫及输卵管不进行过多的干预，则可明显提高胚胎回收率，而且回收的胚胎活力较高，移植后能正常发育。

2. 腹腔镜子宫内人工授精技术

对孕激素处理的同期发情母羊，超排之后可在撤出海绵栓后 40～60 小时通过腹腔镜进行子宫内输精，这样可明显提高受精率。

采用子宫内输精的主要优点是对超排处理后的母羊可以在不表现发情的情况下输精，因为在超排处理后总是有 10%～15% 的母羊不表现发情，但进行子宫内输精后可以产生正常胚胎。

3. 人工授精时间

撤出孕酮之后 60 小时输精，超排母羊的受精率和胚胎回收率可能会有所提高。但如果在其后 48 小时输精，胚胎的质量会得到明显改善；在 40 小时以后进行子宫内输精，受精率和胚胎回收率均最高。输卵管内输精后受精率明显比子宫内输精高。

二、胚胎回收与处理

多年来，人们一直通过冲洗生殖道的方法回收绵羊的胚胎。将绵羊全身麻醉，通过腹中线切口暴露卵巢、输卵管和子宫，然后在靠近输卵管伞端插入导管，轻轻按压子宫角回收所有的冲洗液。绵羊的胚胎在 8～16 细胞阶段时进入子宫，此时为发情结束后的第 3～4 天，通过输卵管回收的冲洗液可以获得较高的胚胎回收率。

1. 回收胚胎

对超排处理的绵羊可在第 5～6 天用腹腔镜技术冲卵，回收率为 25%；在发情期回收胚胎，回收率可达到 75%。

虽然绵羊的子宫颈构造复杂，但仍可通过子宫颈以非手术法回收胚胎。研究表明，采用前列腺素 E2 和雌二醇处理的方法可以促进子宫颈"成熟"，便于在青年母羊和成年母羊通过子宫颈回收胚胎，80%～90% 的母羊可以用这种方法进行胚胎回收，因此这是绵羊胚胎移植中一种具有重要实用价值的快速无创伤胚胎回收技术。

实时超声技术的应用为绵羊经子宫颈回收胚胎提供了良好的方法，采用该技术时，先将绵羊全身麻醉，俯卧保定，然后通过直肠内超声探头指导经子宫颈插入导管，导管通过子宫颈后再灌注 100 毫升 PBS 进入子宫角，回收冲洗液。

在回收胚胎之前对超排效果进行判断具有重要的生产实际意义。有研究表明，超排羊在发情后第 4 天血浆孕酮浓度明显升高，因此可以通过测定外周血浆孕酮浓度，在回收胚胎之前判断超排效果。

超排羊的黄体会出现提早退化，这对胚胎的回收率有很大影响。黄体的这种提早退化与季节有一定关系，秋季时较高。

2. 胚胎处理

回收及处理绵羊胚胎时使用的培养液很多，如组织培养液 TCM199、Ham′sF-10 等。在早期研究中多用加有适量抗生素的绵羊血清。随着绵羊胚胎培育技术的进展，人们逐渐用碳酸盐或磷酸盐缓冲液代替绵羊血清，并在缓冲液中加入 2%～3% 的绵羊或牛血清白蛋白，或者加入 10%～20% 的绵羊血清。回收及移植胚胎时，由于培养液接触空气，因此PBS的效果较好。

一般来说，绵羊胚胎应该在采集之后尽快移植，在移植之前，胚胎可以保存数小时，但必须防止储存过程中的污染。

三、胚胎质量评价

绵羊受精后的第一次卵裂发生于精子穿过卵子后 $15\sim18$ 小时，第 2 次卵裂发生在 12 小时之后，即受精之后 48 小时（发情开始后 3 天），产生 4 细胞胚胎。之后卵裂球通常每 $12\sim24$ 小时分裂一次，第 4 天时形成 $4\sim6$ 细胞胚胎，第 5 天为 $24\sim32$ 细胞的桑葚胚；第 6 天时大多数胚胎已经发育成致密晚期桑葚胚或囊胚；第 7 天时大多数为囊胚，有些为扩张囊胚。一般在第 $8\sim9$ 天囊胚从透明带孵化，此时囊胚很难与其他从子宫中冲洗出的细胞团块区分（图 9-1）。

胚胎移植时通常采用第 $3\sim7$ 天的胚胎，此时应该剔除相对发育不良的胚胎。虽然对绵羊胚胎的形态异常进行了研究，但其对胚胎存活的影响尚不清楚。绵羊胚胎中如果含有一个或几个无核的细胞，其仍然能正常发育，这些胚胎可看作非典型胚胎而并非异常胚胎。延缓发育的胚胎一般在培育中不能再度发育，说明其活力不强。

人们一直试验采用各种培养液以保存绵羊胚胎，根据输卵管液化学成分制备的合成输卵管液（SOF）是目前采用的培养液中效果较好的，培育是在低氧条件下进行。有研究表明，保存在适宜培养液（如 M199）的绵羊输卵管细胞能够支持绵羊早期胚胎的发育。

低温可以抑制胚胎的进一步卵裂，也能根据胚胎在保存时的发育阶段更方便地进行供体和受体之间的同期化。

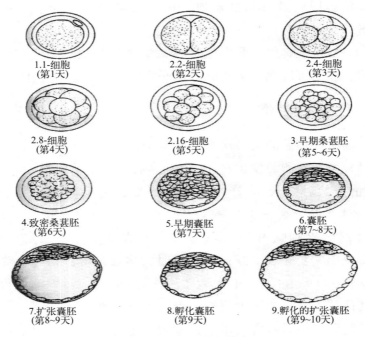

1.1-细胞
(第1天)

2.2-细胞
(第2天)

2.4-细胞
(第3天)

2.8-细胞
(第4天)

2.16-细胞
(第5天)

3.早期桑葚胚
(第5~6天)

4.致密桑葚胚
(第6天)

5.早期囊胚
(第7天)

6.囊胚
(第7~8天)

7.扩张囊胚
(第8~9天)

8.孵化囊胚
(第9天)

9.孵化的扩张囊胚
(第9~10天)

图 9-1　胚胎早期发育模式图

绵羊和牛的胚胎一样，早期卵裂阶段的胚胎（2~16 细胞阶段）对温度降低到 0℃ 比桑葚胚阶段的胚胎更为敏感，但早期发育阶段的绵羊胚胎可以在 0~4℃ 的温度条件下保存数天。

四、胚胎移植技术

1. 供体与受体的同期化

进行绵羊的胚胎移植时供体与受体之间的生殖状态必须同期化。如果供体和受体同期化程度相差 12 小时之内，则可获得较高的怀孕率。有研究表明，如果受体与供体的发情时间精确同步，则怀孕率可达到 75%；如果受体比供体早 2

天，仍然具有较高的怀孕率，但早 3 天时怀孕率只有 8%。如果受体比供体早发情，可能由于不能再阻止黄体退化，因此怀孕率降低。由此表明，在绵羊的胚胎移植中，受体与供体的精确同步化对胚胎移植之后的怀孕率提高是极为重要的（图 9-2）。

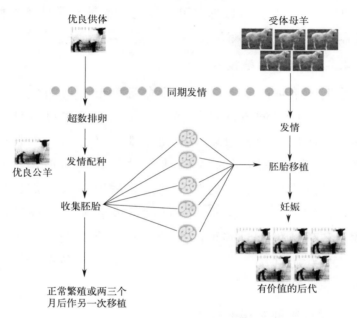

图 9-2　绵羊胚胎移植技术路线图

2. 根据孕酮水平选择受体

绵羊胚胎移植中受体的选择极为重要，这决定了胚胎移植之后的成功率。通过测定发情后第 4 天外周血浆孕酮浓度选择受体，孕酮浓度高于 3 纳克/毫升的受体绵羊，胚胎移植之后的怀孕率较高。

3. 受体的发情控制

在绵羊的胚胎移植中，如果以每天注射孕酮的方法控制受体的发情，则对怀孕率和胚胎存活率没有明显影响，如果采用阴道内海绵法以醋酸氟孕酮和醋酸甲羟孕酮等控制发情，其结果与注射孕酮相似。如果采用前列腺素（间隔 12 天，两次用 125 微克氯前列烯醇处理）进行处理，第 2 次处理后 24～48 小时大多数母羊可以发情，这种方法是胚胎移植中控制受体发情的有效方法。

4. 手术胚胎移植技术

移植胚胎时，先将母羊进行全身麻醉，适当保定，常采用腹中线切口的方法进行移植。移植的胚胎可以处于不同的发育阶段，例如可以移植卵母细胞（给已经配种的受体移植），也可在周期的第 12 天移植从合子到扩张囊胚等不同发育阶段的胚胎。通常从发情之后第 4 天从供体回收胚胎，然后移植到受体子宫。胚胎的发育阶段、移植的胚胎数量和移植位点对移植的成功率有一定影响。每个受体移植两枚胚胎（每个子宫角一枚），但移植一枚胚胎也可获得较高的怀孕率。

5. 腹腔镜胚胎移植技术

腹腔镜胚胎移植技术是绵羊胚胎移植中的一种快速有效的方法，是移植早期胚胎（第 2～7 天的胚胎）最好的非手术移植方法，可用于移植冷冻和新鲜胚胎。

6. 子宫颈胚胎移植技术

经子宫颈移植绵羊胚胎可以在生产中应用，速度较快（平均 3.17 分钟），但从产羔的结果来看，还需要对此方法进一步改进。

五、动物健康注意事项

采用胚胎移植技术可以有效地避免疾病的传播，但在进行胚胎进出口时必须对其进行检查和洗涤，以避免传播任何性质的病原。对流产布氏杆菌能否黏附到透明带以及洗涤能否除去病原的研究表明，除了洗涤之外，最好能加入抗生素，这样才能比较可靠地消除病原。

第三节　绵羊胚胎冷冻保存技术

一、冷冻保护剂

在绵羊的胚胎冷冻保护液中采用 1.5 摩尔/升的乙二醇作为冷冻保护剂，同时加入 20% 的胎牛血清，冷冻后 85%~90% 的胚胎可以存活，移植后 65% 可以产羔。以乙二醇为冷冻保护剂时，可用一步法或两步法，一步法是将胚胎直接置于 1.5 摩尔/升乙二醇中，而两步法在中间步骤还要在 0.75 摩尔/升乙二醇中过渡 10 分钟。采用一步法时，胚胎解冻之后直接置于 1.0 摩尔/升蔗糖中，两步法则是胚胎在最后放入 1.0 摩尔/升蔗糖之前先在 0.25 摩尔/升蔗糖中过渡 10 分钟。两种处理方法胚胎的存活率在培育 96 小时时没有明显差别，进行移植之后，冷冻—解冻胚胎的受胎率为 73%，鲜胚为 74%。Songasen 等在加拿大对乙二醇、丙二醇和二甲基亚砜三种冷冻保护剂的冷冻结果进行的比较研究表明，胚胎解冻后培育至孵化囊胚阶段的存活率分别为 76.9%、62.5% 和 55.6%。

二、玻璃化冷冻保存技术

冷冻保存哺乳动物胚胎的玻璃化冷冻方法，采用不同的溶剂（如二甲亚砜、乙酰胺、乙二醇和丙二醇）组合，通过控制降温速度达到玻璃化状态。玻璃化是一种固化过程，在该过程中冰晶不分离，因此最后溶剂不浓缩，而黏滞性显著增加，产生一种玻璃状态的固体。研究表明，单独以二甲基亚砜作为冷冻保护剂时，胚胎内部可发生玻璃化，而现在采用的新方法则是胚胎外的细胞也发生玻璃化。

1. 玻璃化冷冻的主要优点

随着玻璃化进程的进展，冷冻速度变得越来越不重要，但与玻璃化溶液的接触过程必须短暂，这样才能避免其毒性；解冻也必须迅速，以避免随着升温而出现的结晶过程。绵羊胚胎用甘油和丙二醇组成的玻璃化溶液进行冷冻获得成功并产羔。现有的研究表明，玻璃化冷冻是冷冻保存绵羊胚胎的一种快速有效的方法。

2. 冷冻保护机制

在胚胎的玻璃化冷冻中，高浓度的冷冻保护剂在超快速降温冷冻时黏滞性增加，当黏滞性达到临界值时发生固化而变成一种结构不规则的玻璃样变，细胞内不形成冰晶。玻璃化过程中先形成冰核，任何冰核与未结冰的水分子之间产生界面能，由于界面能的作用，使冰晶在冰核表面逐渐形成，最后形成同型晶核而失去流动性，称为玻璃态。

玻璃化溶液的结构性质属液体，而机械性质属固体。这种固态物质能保持液态时的正常分子与离子分布，使细胞内发生玻璃化而起保护作用。细胞在这种液体中脱水到一定程度，可引起内源性细胞大分子（如蛋白质）及已渗入细胞内的保护剂浓缩，从而使细胞在急性降温过程中得到保护。

第四节 绵羊胚胎体外生产技术

人工授精及胚胎移植等辅助繁殖技术的应用极大地提高了绵羊的繁殖效率，对其遗传改良发挥了巨大作用。体外胚胎生产技术（IVEP）由于能提供大量廉价的胚胎，可用于发育生物学研究和生产实际中采用克隆及转基因技术，因此受到人们的广泛关注，而且近年来发展速度很快。绵羊的体外胚胎生产技术产羔最早成功于 1987 年，其基本技术包括三个主要环节，即卵母细胞的成熟、体外受精和胚胎体外培养。

一、卵母细胞的采集

从卵巢采集高质量的卵母细胞是体外胚胎生产技术中最为重要的技术之一。目前在绵羊的体外受精中采集卵母细胞的方法主要包括：①从输卵管采集排卵后的卵母细胞；②从排卵前的卵泡采集成熟卵母细胞；③从屠宰场采集的卵巢采集未成熟卵母细胞。

近年来对 5～9 周龄羔羊采卵技术的研究取得很大进展。研究表明，如果在促卵泡激素＋孕马血清促性腺激素处理后 36 小时进行活体采卵，可获得大量卵母细胞，但经过卵母细胞体外成熟/体外受精/体外培养后只有 19％的卵母细胞可发育到囊胚阶段，而成年羊的卵母细胞则为 65％，说明从初情期前羔羊获得的卵母细胞发育能力比成年羊的差，而且多精子率也明显较高，囊胚的发育速度较慢，但如果在促性腺激素处理前用雌激素和孕酮处理，可改进囊胚的发育。从羔羊获得的卵母细胞数量随着供体年龄的增加而减少，但其质量却明显提高。

二、卵母细胞的体外成熟

从体外成熟卵母细胞制备胚胎，其效率仍明显低于体内成熟的卵母细胞，主要原因与体外成熟开始时卵母细胞的质量有关。卵母细胞在卵泡生成过程中逐渐获得发育能力，这种能力受卵泡大小及卵泡闭锁的影响。

绵羊体外成熟培养液中常添加促卵泡激素、促黄体生成素、雌二醇和 10％胎牛血清，如果在 TCM-199 中添加直径 4mm 以上卵泡的卵泡液，则能明显提高卵母细胞的成熟率，一般来说采用上述培养条件，第一极体一般在开始成熟后 16～24 小时排出。绵羊的体外成熟培养液中如果添加 100 纳克/毫升促卵泡激素或 10 纳克/毫升表皮生长因子而不添加血清，其效果与添加血清基本相当，但胰岛素样生长因子 1（100 纳克/毫升）没有明显效果。

1. 促性腺激素的作用

在体情况下卵母细胞的成熟受下丘脑-垂体-卵巢轴系产生的各种激素及卵巢局部各种自分泌及旁分泌因素的调控，这些因素在卵巢水平发挥作用，精细地调节卵母细胞的成熟。因此在最初的体外胚胎生产技术中，人们多添加各种促性腺激素及甾体激素，以模拟在体情况下的内分泌及局部调节因子的作用环境。

培养液中加入外源性促性腺激素可以增加达到 MⅡ 阶段卵母细胞的数量，也能增加体外授精胚胎的产量。如果添加雌激素及促卵泡激素（2 微克/毫升）和促黄体生成素（1 微克/毫升）则能明显促进卵母细胞的成熟，但对发育至囊胚阶段的胚胎数量则没有明显影响。如果加入高浓度的促黄体生成素（10 微克/毫升），则可使囊胚形成率增加 4%～30%。但也有研究表明，如果在体外成熟中不添加血清，则发育至 MⅡ 阶段的卵母细胞其活力更强。有研究表明，如果从羔羊获取卵母细胞，则在进行体外成熟时必须添加促性腺激素。

卵母细胞体外成熟中采用的激素主要有促卵泡激素、促黄体生成素、孕马血清促性腺激素、人绒毛膜促性腺激素及雌二醇等。但目前对于加入激素后的效果的研究结果仍不一致，有研究表明，加入激素并不能明显增加发育至 MⅡ 阶段的卵母细胞的数量，加入或不加入激素，囊胚的形成率也没有明显差别。

TCM199 中添加促卵泡激素及 17β-雌二醇（100 纳克/毫升）可明显提高囊胚形成率，这主要是 17β-雌二醇参与排卵前卵母细胞胞质的成熟，因此绵羊卵母细胞如果没有雌二醇的作用，则可使卵裂率及囊胚形成率明显降低。

2. 卵泡细胞及其作用

卵母细胞的成熟受许多因素的影响，其中有些因素来自卵泡。卵泡细胞可产生指令性信号和营养信号，这些信号可进入卵母细胞对其发育进行调节。卵母细胞周围的卵丘细胞形成的突起可进入透明带，因此在卵母细胞和卵丘细胞之间形成直接的细胞-细胞交流。卵泡细胞可为卵母细胞的成熟提供营养，例如其所需要的某些氨基酸、核苷酸及磷脂必须要通过与周围卵丘细胞的联系而获得。卵泡细胞产生的某些指令信号也能调节卵母细胞某些结构蛋白和成熟所必需的某些特异性蛋白的合成。一般来说，卵母细胞在开始其成熟过程后的 6～8 小时即需要这些指令信号，如果这些信号的提供出现异常，则可导致早期胚胎发育异常。

卵丘细胞对绵羊卵母细胞的成熟及发育是极为重要的，粒细胞对卵母细胞的成熟主要发挥调节作用，这种作用可一直延续到以后的卵裂过程中。有研究表明，绵羊的卵母细胞在体外可在完全没有卵泡细胞的情况下培养达到成熟。因此在绵羊的体外受精中一定要选择卵丘完整的卵母细胞进行体外成熟。

3. 各种血清的作用及其应用

在绵羊的体外成熟培养液中常加入各种血清成分，这些血清常在 56℃ 加热 30 分钟灭活，以破坏补体等成分。血清的主要作用是为卵母细胞周围的细胞提供营养，以防止卵母细胞从卵泡中取出后透明带硬化。

常用的血清包括绵羊血清、胎牛血清和人血清。有研究表明，如果培养液中添加去势公牛的血清，则卵裂率比添加胎牛血清时高；如果添加发情周期第 16 天绵羊的血清，则发育至 MⅡ 阶段的卵母细胞明显比添加周期其他时间或怀孕期的血清时高；而人血清比绵羊血清更适合培养单细胞阶段的胚胎。

4. 卵泡液的作用

卵泡液含有能抑制卵母细胞体外成熟的因子。猪的卵泡液能抑制猪、大鼠和小鼠卵母细胞的成熟，牛卵泡液能抑制仓鼠卵母细胞的成熟，人卵泡液能抑制大鼠卵母细胞的减数分裂，说明卵泡液可能对卵母细胞的成熟具有普遍的抑制作用。在绵羊的研究表明，同源性和异源性卵泡液均对卵母细胞的体外成熟具有刺激作用。

三、精子获能

哺乳动物的精子在受精之前发生一系列生理生化改变从而获得受精能力，称为精子获能，只有获能之后精子才可穿过透明带。精子的获能可能是一个除去脱能因子的过程。在体情况下除去脱能因子的部位与精子在雌性生殖道内输入的部位有关，获能启动的部位可能是子宫颈或者子宫颈黏膜。

1. 精子的获能过程

体内获能受雌性生殖道各种因子的调节，因此从子宫进入输卵管的精子其获能要比子宫中的精子快。目前在绵羊的体外受精中精子的体外获能常采用 pH7.4～8.0 的获能培养液，培养液中多添加 20%绵羊血清或牛血清白蛋白（4 毫克/毫升）。由于肝素在绵羊的体外受精系统中能促进配子结合，因此在获能培养液中也多添加肝素。但不添加肝素时卵裂率仍可达到 70%以上。

2. 获能过程中精子表面的变化

获能过程中精子表面发生的变化对精子与卵子的结合过程都是必需的，例如精子库的形成及精子从库中的释放、精子的趋化及精子穿过卵丘与卵子黏附等。精子在获能过程中发生的主要变化可能是表达或者保留某些受体，使得精子的质膜与顶体外膜在发生顶体反应时融合，因此也可能涉及精子质膜的结构和组成发生变化，这些变化可能主要是磷脂和

胆固醇水平及分布的变化。

3. 调节精子获能的因子

（1）孕酮　孕酮能够刺激精子超激活和获能。孕酮可以刺激细胞外信号调节激酶、蛋白酪氨酸磷酸化及 Ca^{2+} 内流，可以增加细胞内环磷酸腺苷水平。孕酮的最初作用可能是刺激 Ca^{2+} 内流，然后使环磷酸腺苷水平、激酶活性及蛋白磷酸化水平增加。

（2）HCO_3^-　HCO_3^- 是精子获能培养液的重要成分。HCO_3^- 也可使 pH 升高，也能直接刺激腺苷酸环化酶。由于 pH 的升高和 Ca^{2+} 的升高可以刺激腺苷酸环化酶，因此 HCO_3^- 刺激腺苷酸环化酶的作用可能是直接和间接都有。环磷酸腺苷水平的升高可以刺激蛋白激酶 A，因此直接或间接刺激与精子获能有关的膜蛋白发生酪氨酸磷酸化。

4. 精子的超激活

体外获能后，精子出现鞭抽样的尾部活动。在获能培养液中培养 3～4 小时后大多数活精子出现超激活活力，主要特征为鞭毛的振幅明显增加。在早期的体外受精研究中发现，在非获能培养液中培养的精子从不出现这种激活。研究表明，精子尾部的这种超激活可能是获能后的一种正常现象，可能与精子的穿卵能力及精子到达受精部位有关。

5. 精子获能及顶体反应的机制

虽然对精子获能现象发现较早，但对其机制的研究则一直十分缓慢，主要原因之一是没有一种合适的方法能够确定单个精子是否已经获能。体外培养的精子悬浮液中含有死子、活精子、获能及未获能的精子的混合体，而且这些精子的相对比例也会在一定时间内发生变化，因此难以通过生化方法对其获能的机制进行深入研究。

6. 精子受精能力的评价

随着体外受精技术的进展，人们建立了两种方法评价精子的受精能力，一种是采用无透明带的卵母细胞，另外一种则采用无卵母细胞的透明带。

四、体外受精及胚胎体外培养

卵母细胞成熟之后可用吸管轻轻抽吸，除去卵丘，用受精培养液洗涤卵母细胞，然后以 40～50 枚卵母细胞为一组进行体外受精。体外受精的精液浓度一般在精子含量为 1×10^6 个/毫升，加入 5 微升，培养 17 小时以完成受精。

在体外受精系统中，精子与卵母细胞共同培养 1 小时后，卵母细胞大约有 10％已经发生受精，但如果再培养 3 小时，则输精后第 9 天时的囊胚形成率与培养 17 小时相当。目前一般采用 9～10 小时的培养方法。

体外成熟-体外受精能否成功主要取决于卵母细胞的成熟和精子获能。精卵结合的时间、培养液的成分、温度及精子浓度均对体外受精的结果具有重要影响。一般来说，绵羊胚胎可采用含绵羊血清、牛血清白蛋白、人血清或胎牛血清的培养液进行培养。

培养液中添加葡萄糖有利于胚胎的体外发育，但绵羊胚胎能在添加乳酸盐和/或丙酮酸盐而不添加葡萄糖的培养液中发育。常用的培养液有 TCMT99、Hams-F_{10}、Hams-F_{12}，改良 Brackets 培养液、合成输卵管液（SOF）和 Tyrodes 培养液等。培养液中添加氨基酸有利于胚胎的发育，但随着培养时间的延长，这种作用降低，可能主要是培养过程中胚胎

产生的胺增加，抑制了囊胚的发育所致。

　　绵羊胚胎成组培养时比单个培养时囊胚形成率更高，说明胚胎产生的一些因子可能促进体外卵裂。目前在培养绵羊胚胎时仍多采用石蜡油覆盖的微滴培养法，但也有研究表明，如果不用石蜡油覆盖，则胚胎碎裂的比例明显降低，这可能是由于石蜡油中的有毒成分所引起。针对这种情况，可采用盐水反复抽提的方法降低石蜡油中的有毒成分。

　　绵羊胚胎如果与输卵管细胞共同培养，则能比较容易进入 8～16 细胞阶段及囊胚阶段，也能明显提高胚胎在体外的卵裂率及发育能力。

　　在胚胎体外培养采用的大多数培养条件为添加体细胞、氨基酸和牛血清白蛋白的合成输卵管液培养液，$38.5℃$，$5\% \ O_2$，$5\% \ CO_2$ 及 $90\% \ N_2$ 饱和湿度条件下培养，也有实验室在合成输卵管液中添加 $5\%～10\%$ 胎牛血清，在输精后 $2～3$ 天用于胚胎培养，发现制备的胚胎移植之后怀孕率较高。

第五节　绵羊胚胎分割及克隆技术

一、胚胎分割技术

　　自然情况下绵羊的同卵双生的发生率极低。人工制造同卵双生在研究上具有重要意义。研究表明，4 细胞阶段胚胎的 2 个卵裂球和 8 细胞阶段胚胎的 4 个卵裂球均可以发育到囊胚阶段，其活力正常，胚胎移植后的结果与普通胚胎相同。

许多人对不采用中间宿主时绵羊半胚的发育能力进行了研究，如果将绵羊胚胎在桑葚胚阶段分割，然后立即移植给受体，发现怀孕率及胚胎生存率与正常未分割胚胎十分接近。法国进行的研究表明，在绵羊可以通过分割 8～10 天的胚胎生产单合子双生，成功率随着采胚时间的推后而增加。在进行胚胎分割时必须选择质量最好的胚胎，2 级胚胎分割后的生存率明显低于 1 级胚胎。

二、克隆技术

1. 动物克隆技术

　　（1）供体细胞核的选择　　以绵羊囊胚的内细胞团作为核供体，进行细胞核移植后 56% 可以发育到囊胚阶段。

　　研究表明，如果供体核超过了囊胚阶段，则会影响重组胚胎的发育，而且如果发育阶段超过了囊胚后期，则随着发育的进展，越来越多的细胞会发生不可逆的分化，因此，从分化了的细胞核进行核移植，其成功率低的原因可能是胚胎染色质不可逆性改变所致，也可能与供体细胞所处的细胞周期的阶段不相适应有关。

　　研究结果还表明，囊胚中期细胞周期长度的变化可能与供体核移植后发育不能正常进行有很大关系。除胚细胞外，供体细胞核可采用体细胞，其基本技术与胚胎细胞克隆相同，差别主要在于核的供体不是胚胎细胞，而是将胚胎发育过程中的胎儿细胞或成年动物已分化的细胞核作为核供体，进行细胞核移植。

　　采用体细胞克隆时，可先从动物的器官、组织或胎儿组织分离出需要的组织，分离制备细胞悬浮液，然后在含血清的培养基中培养，进行正常传代。传代到一定次数后，细胞形态稳定，能正常增殖，则说明已经建系成功。

取已经建系的细胞移到含低浓度血清的培养液中培养1～5天，即采用血清饥饿方法诱导细胞离开生长周期进入休眠的 G0 期。以 G0 期细胞作为核供体，其主要优点是：①可以获得细胞周期的协调，将这些细胞移入去核卵母细胞后活化，可比较容易地产生个体；②G0 期间细胞的染色质发生凝集，转录和翻译水平下降，mRNA 降解比较活跃，这些染色质结构和功能的变化均有利于核移植。

（2）受体胞质的选择　受体细胞的细胞周期阶段对核移植重组胚胎的正常发育也是至关重要的。卵母细胞在去核时的成熟阶段对于核移植后的发育是非常重要的。在绵羊，体内成熟的卵母细胞去核的最佳阶段是人绒毛膜促性腺激素处理或发情后 36 小时。体外成熟的卵母细胞需要 18～24 小时才能达到 MⅡ期，此时即可被激活，也可用精子进行体外受精，但其人工激活及进行核移植的最佳时间一直要到从卵泡中取后 30 小时左右。

（3）卵母细胞的去核　除去中期卵母细胞的染色质及极体对重组胚胎的发育很重要。除去细胞核可以采取切割卵母细胞的方法，也可采用吸出极体及周围胞质的方法。可以采用荧光染料如 DAPI 或 Hoechst33258 进行染色质染色，提高两种方法的效率。卵母细胞的去核率越高，克隆胚发育成正常胚胎的可能性越大，而去核率的高低也与卵母细胞所处的成熟时期及采用的方法有关。

（4）细胞融合　用一定大小的针头刺入卵母细胞膜导入细胞核会对卵母细胞造成一定的损伤。也有人用仙台病毒诱导的膜融合技术在小鼠上进行过实验。后来建立了电融合技术，表明如果作为供体的囊胚细胞越小，发育阶段越晚，则成功率越低，但也有研究表明，供体细胞可以达到 40～64 细胞阶段。融合能否成功主要取决于细胞膜的健康程度和卵母细胞膜的理化状态等。

（5）卵母细胞的激活 为了完成减数分裂及以后的发育，卵母细胞必须被激活。一般来说，卵母细胞是在受精时由精子激活，但在体外，只有少量的卵母细胞在开始培养后 24 小时可用电融合的方法激活，直到 30 小时时才能达到最大激活。

正常情况下，核移植时采用电刺激的方法进行细胞融合即可完全激活卵母细胞，表明用来进行核移植的卵母细胞，无论是从体内还是体外获得，在细胞融合时均已老化，以后进一步发育的能力降低，因此很有必要对卵母细胞活化的时间、核移植的时间以及核移植后的发育等问题进行进一步研究。

（6）重组胚胎的培养及发育 核移植重组胚胎形成后，要使其发育至晚期胚胎（桑葚胚或囊胚）进而怀孕，则胚胎必须要在结扎的绵羊输卵管中培养一段时间。研究表明，核移植重组胚胎在体外发育至桑葚胚及囊胚的比例仅为在体内输卵管中培养的一半。如果将重组胚胎在体外与输卵管上皮细胞共同培养，或者在培养液中加上输卵管上皮细胞，则发育至桑葚胚及囊胚的成功率与体内培养时相近。

（7）怀孕及怀孕维持 虽然核移植重组胚在多种动物均获得成功，但怀孕率及成活率均很多。有人认为，由核移植产生的后代并非绝对相同的克隆动物。每个卵母细胞的线粒体 DNA 及胞质环境是不完全一样的，因此可能对遗传性状有一定的影响。胚胎移植后的妊娠率和产仔率是判断核移植效率的最终指标。因此应选择具有较好形态的胚胎进行移植。

（8）克隆后代的鉴定　如果克隆后代诞生，则除了鉴定供体细胞与克隆后代的亲缘关系外，还要从分子生物学水平进行鉴定。可取体细胞系细胞、克隆后代、卵母细胞受体及重组胚移植受体的 DNA 进行分子杂交实验，以确定后代是否真的来源于供体细胞系的细胞。

2. 克隆技术存在的主要问题

虽然体细胞克隆技术已经在多种动物获得成功，但总体水平仍然处于实验研究阶段，存在的问题主要有以下几个方面。

（1）结果不稳定，效率十分低下　通过体细胞克隆动物的费用一般较高，例如制作 Dolly 的费用估计超过 200 万英镑，同时效率很低。从目前的研究结果来看，重组胚只有不到 1％能够发育产生克隆后代，绵羊克隆只有 3％左右的重组胚能发育为正常后代。由于体细胞克隆是一个极为复杂的过程，包括供体细胞的培养、卵母细胞的体外成熟、卵母细胞去核、细胞核的注射与融合、卵母细胞的激活、重组胚的体外培养及胚胎移植等过程。如果上述过程任一项达不到最佳条件，均会影响克隆胚或克隆动物的生产。

（2）克隆动物初生重增加，死亡率升高　由于细胞培养中采用血清，可能会导致早期胚胎基因表达发生改变，致使许多克隆动物初生重增加，很难自然分娩。重组胚移植之后的流产率明显较高，同时克隆后代常伴发各种异常，例如提前衰老、肥胖症等，许多克隆后代常出现不明原因的死亡。

（3）克隆动物发育异常，死亡率升高　体细胞核移植生产的重组胚在培养及移植之后的胚胎发育过程中会出现活力低下，只有少数重组胚移植之后可发育到足月，许多在出生后死亡。常见的疾病和异常主要有循环系统功能障碍、胎盘水肿、胎水过多、慢性肺充血等，即使克隆后代能够存活，也多出现胎盘过大、初生重过大等"大后代综合征"的症状，有些克隆后代虽然外表正常，但多出现免疫系统功能障碍，肾脏、脑形态异常，因此随后会发生死亡。

（4）细胞质遗传问题　人们发现细胞质的遗传物质影响克隆后代的表型，例如花斑、毛色等，出现这种变化的原因是否为供体细胞线粒体 DNA，或者是由于卵子细胞质中的遗传物质所引起的，目前尚不清楚。细胞质的遗传物质对克隆后代的其他性状是否也会产生影响，还需要进一步探索。

（5）克隆胚胎的结构异常　体外胚胎生产技术的胚胎其质量比体内生产的差，主要原因可能与体外受精条件有关，因此胚胎移植之后胎儿的死亡率较高。目前采用的克隆系统重组胚移植之后流产率及胎儿死亡率均明显较高。流产率可能与重组胚的培养条件有关，由此导致供体细胞核程序出现异常。附植前胚胎的完整性对怀孕早期胚胎的正常发育是极为关键的。内细胞团细胞主要形成胚胎组织和部分胚外膜，而在稍后期，滋养层细胞和来自内细胞团的胚外膜协同，形成胎儿胎盘。就目前采用的克隆系统而言，克隆胚胎在发育过程中出现的胎儿死亡可能与胎盘异常有关。其主要原因可能是由于体细胞核移植，导致重组胚内细胞团或滋养层细胞与总细胞数的比例出现异常。此外，克隆程序本身对滋养外胚层某些基因的表达具有明显的影响，克隆滋养胚 MHC-I 的表达异常可以引起免疫排斥，因此也可能是克隆胚死亡的原因之一。

3. 克隆技术的应用前景

体细胞克隆技术之所以引起人们的普遍关注，主要是因为它在许多领域具有极为深远的意义，而且可能对人类自身产生重大的影响。

（1）畜牧业生产　克隆技术可以有效增加优良品种的群体数量。具有优良性状的动物，即使是经过严格的育种选配，后代也不可能完全继承其优良性状。此外，后代的性别也很难控制，扩繁速度也有限，而采用克隆技术可以克服这些缺点，从理论上讲，一个个体可以产生无数个克隆后代。

（2）实验动物研究　对实验动物而言，遗传的均质性是最为重要的因素。采用体细胞克隆技术可以获得大量遗传上均质的同一个体的多个后代，从而为实验提供更合适的动物。

（3）动物遗传资源保护　采用克隆技术可以有目标地均衡扩繁群体或特异性地扩繁群体中的某些个体，以保证遗传多样性不会丢失。因此克隆技术在濒危动物的遗传保护上具有一定意义。

（4）生物医药　应用克隆技术可以进行转基因动物的克隆，因此不仅可为动物品质改良提供强有力的分子手段，而且也能够直接用于人类的医疗保健。

（5）疾病治疗　利用克隆技术，可以用患者本人的组织培养出新组织，用来治疗神经损伤、糖尿病等多种疾病，用这种方法培养出的组织具有与患者完全相同的遗传结构，因此不会发生排斥反应，也可解决移植组织来源不足的问题。

【典型实例】

多莉（Dolly）是一只通过现代工程技术创造出来的绵羊，也是世界上第一个成功克隆的哺乳动物。

多莉是用细胞核移植技术将哺乳动物的成年体细胞培育出来的新个体，它是由苏格兰罗斯林研究所和 PPL Thera-peutics 生物技术公司的伊恩·威尔穆特和基思·坎贝尔领导的小组培育的。它被英国广播公司和科学美国人杂志等媒体称为世界上最著名的动物。

多莉的诞生为"克隆"这项生物技术奠定了进一步发展的基础，并且因此引发了公众对于克隆人的想象，所以它在受到赞誉的同时也引起了争议。

三、性别鉴定技术

1. 流式细胞仪法分离 X 精子和 Y 精子

流式细胞仪法是目前比较科学、可靠、准确性高的精子分离方法。其理论基础是 X 精子和 Y 精子的常染色体相同，而性染色体的 DNA 含量有差异。研究表明，家畜中 X 染色体的 DNA 含量比 Y 染色体高出 3%～4%。X 精子和 Y 精子微小的差异用流式细胞仪能检测并进行分离。

流式细胞仪分离精子的具体方法如图 9-3 所示。先将精子稀释并用荧光染料 Hoechst33342 染色，这种染料能定量地与 DNA 结合；然后使精子连同少量稀释液逐个通过激光束，当精子通过流式细胞仪时被定位和激发。因为 X 精子比 Y 精子含更多的 DNA，所以 X 精子发出较强的荧光信号，发出的信号利用仪器和计算机系统进行扩增，并分辨出 X 精子、Y 精子及分辨模糊的精子，当含有精子的缓冲液离开激光系统时，借助颤动的流动室将垂直流下的液柱变成微小的液滴。与此同时，计算机指令液滴充电器使发光强的液滴带负电，发光弱的液滴带正电，分辨模糊的液滴不带电。当这些充电的液滴通过两块各自带正电或负电的偏斜板时，正电荷

233

收集管收集 X 精子，负电荷收集管收集 Y 精子，分辨模糊的精子被收集到另一个管中。

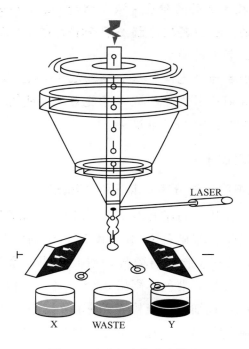

图 9-3   流式细胞仪分离精子

目前，用流式细胞仪分离精子的速度能达到 4×10^6 个/小时，分离纯度达 90％以上。一些欧美国家已有专门出售分离 X 精子和 Y 精子仪器的公司，利用分离的精子进行的人工输精受胎率达 52％，出生后代的性别与预测的性别准确率达 90％以上。另外，日本、澳大利亚、中国等也拥有分离精子的流式细胞仪，并已经开始商业化运作。

2. 早期胚胎的性别鉴定

对移植前胚胎性别鉴定的研究稍晚于精子分离研究，因为当时还没有找到一种有效的精子分离方法。人们运用细胞遗传学、分子生物学及免疫学方法对附植前的胚胎进行性别鉴定，通过移植已知性别的胚胎控制后代性别的比例。最近十几年，早期胚胎性别鉴定技术有了迅速的发展，有些方法已应用于实际生产，目前，胚胎性别鉴定最有效的方法是核型分析法和分子生物学法。

（1）核型分析法 哺乳动物细胞的染色体分为常染色体和性染色体。在雌雄细胞中，常染色体的同源染色体大小和形态相同，只有性染色体的形态和大小不同，雌性为 XX，雄性为 XY。因此，核型分析能鉴定胚胎性别。

核型分析法的主要操作程序：先从胚胎中取出部分细胞，用秋水仙素处理，使细胞处于有丝分裂中期；用低渗溶液使细胞膨胀，细胞膜破裂释放染色体，然后固定，吉姆萨染色制备染包作标本；通过显微摄影分析核型，确定其性染色体类型是 XX 还是 XY。核型分析法的准确率可达 100%。此方法需要使用 4 天的扩张胚胎，以便有足够数量的滋养层细胞可用于核型分析。取样细胞数量多限制了该技术的推广。同时，由于获得高质量的染色体中期分裂象比较困难，操作技术烦琐且时间长，故该技术难以在生产中推广应用。

（2）分子生物学法 分子生物学法的理论依据是 SRY 基因仅存在于染色体上，利用分子生物学技术鉴别胚胎细胞是否存在 SRY 基因，就能鉴别雄性胚胎和雌性胚胎。目前常用的方法是 PCR 鉴定法（polymerase chain reaction）和荧光原位杂交法（fluorescence in situ hybridization，FISH）2 种。

① PCR 鉴定法　利用显微操作仪从胚胎中取出 4～7 个细胞，提取 DNA。将提取的 DNA 与 SRY 基因的引物、dNTP（去氧单核苷酸）、PCR 缓冲液和 Taq 聚合酶混合。在变性为 90℃ 30s，退火为 55℃ 2 分钟，延伸为 72℃ 3 分钟的条件下，PCR 扩增 50 个循环。将扩增产物进行琼脂糖电泳和溴化乙啶染色，并在紫外线下观察，根据显示的特异扩增电泳条带判断胚胎性别。1995 年，Bredbacka 等改进了 PCR 鉴定方法，即不需要通过跑胶，而是直接通过在紫外线下照射扩增后的产物来确定性别，从而较大地降低了污染；同时，以体视显微镜下徒手切割胚胎的方式获得了胚胎细胞，使该技术更便于在生产中推广。

PCR 鉴定法取样细胞少，对胚胎的损伤小且快速而准确，准确率高达 90% 以上，目前已广泛应用于羊胚胎的性别鉴定。PCR 鉴定法的缺点是在操作过程中偶尔会丢失细胞，也会被血清 DNA 污染而导致误判。因此，其操作要谨慎细致，严格消毒，防止污染。

② 荧光原位杂交法　荧光原位杂交法（FISH）是指将具有特异碱基序列的探针粘贴到染色体的特定位置，以此来判定性染色体及分析染色体构造是否异常的方法。该方法能克服在 PCR 法中由精子或其他 DNA 污染而造成的误判。

3. 性别控制技术的发展及应用前景

迄今为止，性别控制最成功的方法是流式细胞仪分离精子法和胚胎 SRY-PCR 扩增法。然而，前者由于分离速度较慢、绵羊精子活率较低，影响了人工输精后的受胎率，故亟待解决这两个问题以满足人工输精的要求。SRY-PCR 技术鉴定胚胎性别的方法尚需解决如何提高灵敏度并缩短鉴定时间的问题。

四、转基因技术

绵羊的转基因技术研究开始较早，于 1990 年制备了第一个携带人基因的绵羊。当然，绵羊的转基因技术需要从事绵羊生理性研究和从事遗传学及分子生物学研究的科学家之间的密切合作，以便能够分离出有效基因。目前从事绵羊转基因研究的报道很多，尤其是胚胎干细胞技术的应用为绵羊的转基因开辟了新的途径。

1. 目的基因的选择

生产转基因动物的目的不同，所选择的目的基因也各异。选择目的基因的类型有如下几种：

（1）编码或调控机体生长发育或特殊形态表征的基因　如生长激素、胰岛素样生长因子 1 及生长激素释放因子等基因。

（2）增强抗病作用的基因及免疫调控因子　如促衰变因子基因等。其目的在于培育出抗某些疾病或具有广谱抗病性的新品系。

（3）编码某些分泌蛋白的基因　如 tPA，其目的是制作动物生物反应器，生产某些昂贵的特殊药用蛋白质。

2. 表达载体的构建

为了改进产品的功能和特异性高效表达，应对外源基因进行改造，并构建载体。改造并构建的外源基因一般包含调控元件的旁侧序列、结构基因序列和转录终止信号，同时还可引入报告基因与天然启动子，将强启动子序列与目的基因拼接成融合基因。用于转基因绵羊的生产常选择组织特异性启动子，如乳腺反应器的表达载体常用的启动子有乳清酸蛋白、酪蛋白、乳球蛋白基因的启动子等。为提高外源基因的表达水平，除上游的调控序列外，表达载体还在下游插入增强子，目标基因中留内含子。

3. 外源基因的导入

根据外源基因的导入方法和对象不同，目前的方法主要有受精卵原核显微注射法、病毒转染法、精子载体法、胚胎干细胞（ES细胞）介导法和体细胞核移植法等。

（1）受精卵原核显微注射法　在受精卵形成初期，精子与卵子的遗传物质分别形成雌雄原核，还未结合到一起，且雄原核体积较大。此时，通过显微技术注入雄原核的外源基因能部分整合到胚胎中，从而在后代中获得一定比例的基因编辑个体，此即为受精卵原核显微注射法。受精卵原核显微注射法的优点是基因的导入过程直观，对导入外源基因片段的大小几乎没有限制，没有化学试剂等对细胞产生的毒性等；其缺点是对设备和技术的要求较高，胚胎受到的机械损伤较大，存活率低，外源基因转入效率低。

（2）病毒转染法　利用慢病毒或逆转录病毒的高效率感染和在DNA上的高度整合特性，可以提高基因的转染效率。借助病毒转染细胞来实现外源基因的转移是病毒感染法的基本思路。产生重组病毒的主要步骤是用DNA重组技术将目的基因插入载体适当位点上，实现基因重组；通过DNA转染技术将重组体转移到特殊构建的包装细胞，收获重组病毒。用重组病毒感染靶细胞，外源基因就随病毒整合到宿主细胞染色体上。

病毒转染法的优点是病毒可自主感染细胞，转染率高，操作方便，宿主广泛，且对细胞无伤害；插入宿主染色体后能稳定遗传；感染不同细胞的能力由外膜上的糖蛋白决定，选择不同的外壳蛋白，可赋予病毒特定的宿主，达到靶向导入的目的。病毒转染法也具有很难克服的缺点：病毒载体具有相当大的潜在危险性；病毒的序列能干扰外源基因的表达；病毒载体容纳外源基因的能力有限。

（3）精子载体法　精子载体法是指将外源 DNA 结合到精子上或整合到精子基因组中，通过携带外源 DNA 的精子与卵子受精，使外源 DNA 整合到染色体中的一种转基因方法。此法克服了生产转基因动物劳动强度大、费用高等缺点，简化了繁杂的操作程序，不需要复杂、昂贵的设备。

（4）胚胎干细胞（ES 细胞）介导法　该方法将外源基因定位整合到胚胎干细胞基因组中的特定基因位点，进行筛选培养，制备转基因动物，可避免基因随机整合和多拷贝整合。胚胎干细胞已被公认是转基因动物、细胞核移植、基因治疗和功能基因研究等领域的一种非常理想的实验材料，具有广泛的应用前景。

（5）体细胞核移植法　核移植技术的发展为转基因动物的应用带来了契机。体细胞核移植法是指将外源目的基因以 DNA 转染的方式导入能进行传代培养的动物体细胞，再以这些转基因体细胞为核供体，进行动物克隆，获得转基因克隆动物。此法的优点在于供体细胞可以预先在体外进行筛选，有助于保证产生的动物为转基因动物。此外，利用该技术有助于准确控制性别。因为只要选用雌性动物的转基因细胞，得到的后代就是雌性，故而利用核移植技术生产转基因大动物具有传统方法（如原核注射法）无可比拟的优势，即效率

提高、研制周期缩短、生产成本降低等。

4. 转基因动物的鉴定

转基因动物的鉴定是制备转基因动物过程中的关键环节。转基因动物的鉴定主要集中在 DNA、RNA、蛋白以及遗传稳定性层面上，具体方法有多种，并且新方法不断涌现。

5. 存在的主要问题与展望

动物转基因技术是一个艰辛、复杂的系统工程。虽然已经取得突破性进展，但仍有许问题亟待解决。相信随着科学技术的发展，问题会逐一破解。

第十章

绵羊早繁技术

【**核心提示**】 为提高羊群的整体水平、合理调整羊群结构、有计划地补充青年母羊，一般不推迟青年母羊的配种年龄，适当增加3~4岁母羊在羊群中的比例，及时发现并淘汰老、弱或繁殖力低下的母羊。

第一节 绵羊初情期的启动机制

　　动物初情期的启动是一个逐渐的过程，其中有些内分泌活动早在初情期之前就已经开始。雌性动物初情期的启动过程可以从三个方面考虑，其一是对排卵所必不可少的下丘脑-垂体-卵巢轴系会同时发育，因此只要达到足够的成熟程度，就会启动发情周期；其二是上述轴系中某些部分的发育和成熟成为第一次排卵的限速过程，因此神经内分泌系统或者卵巢等的最后成熟导致动物出现初情期；其三是，所有导致排卵过程的各个环节在动物生命的很早期就已经发育，而同时也建立了相应的抑制过程或机制，这样就避免了某些功能成分过早地整合，以后随着动物的发育，抑制作用逐渐被消除而发生发情排卵。

一、初情期前的神经内分泌特点

1. 初情期前促性腺激素的变化

（1）初情期前促黄体生成素的分泌　羔羊在出生后11周促黄体生成素才开始出现波动性分泌，其浓度增加到与初情期时相当的水平。随着初情期的到来，促黄体生成素的波动频率发生很大变化，但在第一次排卵前促黄体生成素的波动频率变化最为明显，而波幅则没有明显变化。

一般认为，初情期前的动物，调节垂体促性腺激素释放的下丘脑脉冲启动器的功能受到抑制，用外源性激素处理后很少能形成功能性黄体，也很少能表现出完整的发情周期。

母羔羊虽然出生后头2周可以观察到促黄体生成素的波动，但随后几周促黄体生成素的分泌减少，之后波动逐渐增加，而且明显的波动性分泌可以持续25～30周，最后波幅明显增加而出现初情期的典型变化。此时促黄体生成素波动频率的增加可能是由于下丘脑-垂体轴系对雌二醇的反应性增加所致。与促黄体生成素相比，雌雄两性动物除在出生后不久有所增加外，促卵泡激素在整个初情期前均没有明显的变化。

从以上的研究结果可以看出，绵羊初情期前当雌二醇的负反馈作用微弱或低时促黄体生成素浓度升高，随后降低，这可能主要是由于甾体激素的水平增加所致，但下丘脑和垂体对雌二醇敏感性的变化可能也起到一定作用。

（2）初情期前促卵泡激素的分泌　羔羊在3～11周龄时促卵泡激素的浓度增加，一直到35周龄达到初情期时仍一直维持11周龄时促卵泡激素的浓度。对促卵泡激素在初情期发生过程中的作用尚不明了，但对单侧性摘除卵巢的绵羊进行的研究表明，初情期前卵巢产生的抑制素对促卵泡激素的分泌就有抑制作用。

催乳素与促黄体生成素和促卵泡激素的变化完全不同，其浓度随着光照周期而发生变化，与年龄和初情期无关。虽然催乳素与睾丸促黄体生成素受体的发育有关，但可能与初情期前后生殖道的发育关系不大。

与成年绵羊相比，羔羊初情期前催乳素水平明显较低，而且与出生后的光照周期有关。

睾酮在出生后的前几个月浓度较低，6～12 月龄时开始增加。4 月龄以前促黄体生成素的波动并不伴随有睾酮释放的增加，但成年动物每次促黄体生成素波动之后都会出现睾酮浓度的增加。

激素的反馈作用随着年龄而发生变化，这种变化影响下丘脑和垂体甾体激素受体的数量。睾酮及 17β-雌二醇的受体早在 1～2 周龄时在雌雄两性均已经存在，但雌二醇受体浓度很低（雌雄两性分别为 16 飞摩尔/毫克和 32 飞摩尔/毫克蛋白）。

2. 下丘脑-垂体轴系的成熟与初情期的关系

（1）促性腺激素释放激素对促黄体生成素和促卵泡激素分泌的影响及其与初情期的关系　绵羊注射促性腺激素释放激素后促黄体生成素释放的幅度在产后第 1 周内增加，此后差别较大。注射促性腺激素释放激素后促黄体生成素达到峰值的时间随着年龄的增加而延迟，4～6 月龄的羔羊在促黄体生成素刺激后睾丸重量增加，睾酮分泌增加。促黄体生成素峰值的延迟可能与成年羊血液中睾酮的浓度有关，这也是性腺与下丘脑-垂体建立新的反馈关系的指征。注射促性腺激素释放激素后促卵泡激素的反应性在羔羊较低而且变异很大。

（2）去势及甾体激素的影响　动物在出生后很快就建立了甾体激素的反馈机制，但去势后促黄体生成素增加反应时间的延迟在日龄较小的动物比日龄大的动物明显，表明在出生后不久甾体激素的反馈作用可能比较微弱，其主要原因可能是在中枢神经系统。出生后甾体激素的反馈作用微弱可能与这些动物血浆促黄体生成素的逐渐增高有关。

（3）雌激素的正反馈作用及与年龄的关系　下丘脑-垂体轴系成熟过程的一个重要特征是外源性雌二醇可以引起促黄体生成素的显著增加，因此初情期后注射或埋植雌激素可以引起促黄体生成素升高，但在初情期前则没有这种作用。雌性羔羊 17β-雌二醇在 5～7 周龄时可以引起促黄体生成素升高，但此前则不能。随着动物的生长，年龄相关的促黄体生成素反应性增加越来越明显。因此下丘脑和垂体对雌二醇敏感性的增加在初情期的发生上起着重要作用。

二、初情期的内分泌调控

根据"性腺静止"假说，由于下丘脑-垂体轴系对雌二醇的负反馈抑制作用发生反应，因此促黄体生成素一直维持低浓度，随着性成熟的进展，对甾体激素的负反馈的反应性逐渐降低，促黄体生成素的分泌增加，刺激卵泡发育，雌激素的分泌增加，通过正反馈作用启动促黄体生成素排卵峰，最后导致排卵。这种假说完全适合于初情期前的羔羊和犊牛，因为在这两种动物初情期前抑制促黄体生成素分泌的雌二醇的浓度在初情期后不再抑制促黄体生成素的分泌，而且生理剂量的 17β-雌二醇在羔羊摘除卵巢后就可抑制促黄体生成素的分泌。雌二醇对促黄体生成素分泌抑制作用的降低与初情期开始的时间也是一致的。

羔羊在第一次排卵前会出现持续 1～4 天的孕酮浓度过渡性升高。在孕酮浓度升高后 8 小时内摘除羔羊的卵巢会使血清孕酮浓度急剧下降。

三、光照对性成熟的影响

绵羊是季节性繁殖的动物，因此季节对新生羔羊的初情期具有明显的影响，其中最为重要的影响因素是光照长度。羔羊可在 150 日龄时达到初情期，但季节对第一次排卵的时间有明显影响。春季或秋季出生的羔羊如果在非繁殖季节达到初情期，则初情期开始的时间会延迟。3 月份出生的羔羊达到初情期的年龄比 7～8 月份出生的羔羊迟。春季出生的羔羊在 25～35 周龄时可出现正常的发情周期，但秋季出生的羔羊则在 25～35 周龄的乏情季节中达到初情期的年龄，但一直到秋季 48～50 周龄时才出现排卵。从这些研究结果可以看出，性成熟过程中有一关键时间，在此时间羔羊接触长日照后可允许正常的性成熟过程发生。

初情期前促黄体生成素的波动频率很低，不能引起卵泡生长到排卵阶段。卵巢雌二醇作用于下丘脑，抑制促性腺激素释放激素的波动性分泌，从而使促黄体生成素的分泌维持在低水平，又阻止了卵泡的生长发育，排卵不能发生。

内源性阿片肽能使下丘脑对雌二醇的敏感性增加，因此可抑制促黄体生成素的波动性分泌。随着初情期的达到，下丘脑中基部的雌二醇受体开始减少，促黄体生成素波动性分泌的频率增加，从而使卵泡能够发育，产生的雌激素刺激子宫生长发育。雌激素诱导产生促黄体生成素排卵峰，受其刺激，卵泡发生排卵。

四、瘦素对初情期的调节

在早期的工作中，人对各种内外因素对初情期的影响进行了研究，这些因素主要包括体重、季节和性发育等。这些研究发现，春季出生而且生长正常的羔羊可在秋季或冬季的第一个繁殖季节表现发情，但由于体重上存在着明显的差别，因此生长缓慢的羔羊一直要到下一个繁殖季节达到1岁时才表现发情。另外，年初（冬季）所产羔羊通常在5～6月龄的非繁殖季节达到初情期的合适体重，但第一次发情一般会延迟到下一个繁殖季节。

体格对初情期的启动有重要的影响，为此有人认为动物初情期的启动是由于存在"关键的体重和组成"，它反映了"关键的代谢速率"，使得下丘脑对雌激素的负反馈作用的敏感性增加。

大量研究表明，营养对许多动物初情期的发育具有重要影响，动物生长发育达到一定体格之后才能达到初情期和性成熟，因此只有能量储存达到一定程度，足以满足交配、怀孕及泌乳时，动物才启动其繁殖功能。近来的研究表明，瘦素可能是连接能量储存与繁殖功能的重要桥梁分子，ob/ob小鼠瘦素的缺乏可引起过度肥胖及不育，而注射瘦素可以引起其表型性逆转，说明瘦素在啮齿类动物初情期的启动中发挥重要作用。在人的研究也表明，如果编码瘦素和瘦素受体的基因发生突变，会引起肥胖及促性腺激素分泌不足引起的性腺功能减退，而对先天性缺乏瘦素的病人注射重组瘦素可以使其初情期正常启动，说明瘦素在人初情期的启动中发挥重要作用，而且瘦素的作用还受谷氨酸、GABA、神经肽Y等调节初情期促性腺激素释放激素分泌的神经递质的调节。

瘦素可以抑制神经肽 Y 基因的表达及释放，而在下丘脑弓状核，瘦素受体和前神经肽 Y mRNA 存在广泛的共表达，因此可以激活促性腺激素释放激素神经元。

瘦素是脂肪细胞产生的多肽，通过分泌进入血液发挥激素作用，虽然其为一种饱腹感觉因子，但也对神经内分泌细胞和性腺发挥重要的调节作用，其可通过下丘脑-垂体-性腺轴系对繁殖功能发挥调节作用。

1. 体重、营养状态与繁殖功能

繁殖功能也受体重和营养状态的影响。如果限制营养，则促性腺激素的分泌会减少，性腺功能受到抑制。如果给绵羊补饲高蛋白饲料，则卵巢和睾丸功能可以得到加强。但营养与繁殖之间的关系极为复杂，例如肥胖和消瘦的绵羊其促黄体生成素和促卵泡激素浓度在随机采食或限制饲喂 16 个月后没有明显差别。对下丘脑-垂体轴系的研究尚未发现有任何单一的血液指标能说明代谢对繁殖轴系的确切影响。但大量的研究表明，许多激素在多种组织和器官的代谢产物可作为重要的调节因子调节动物的繁殖功能，而瘦素可能是将代谢传递给繁殖轴系的重要信号。

2. 瘦素对下丘脑和垂体功能的影响

瘦素长型受体主要通过细胞内信号传导发挥作用，而短型受体则可能在脉络丛发挥重要作用。下丘脑中长型受体主要存于弓状核，在含神经肽 Y 和阿黑皮素原的神经元均有分布。下丘脑其他部位的有些细胞也含有长型受体，而且脑干的"内脏核"也有这类受体存在，因此其作用并不仅限于弓状核。每类细胞中含瘦素受体的细胞比例尚不确定，因此目前还不清楚这些含瘦素受体的细胞在大脑中的联系及联系方式。弓状核的细胞与大脑许多部位的细胞都有突起联系，这些部位包括侧下丘脑核、室旁核和视上区，因此弓状核的细胞可能对食欲调节区（如下丘脑腹正中部）、应激中心（如室旁核）和生殖调节区（如视上区）的细胞发挥调节作用。对瘦素所出现的各种生理反应可能是瘦素作用于不同水平的综合结果，因此很有必要研究含瘦素受体的细胞类型。

3. 瘦素对性腺功能的影响

瘦素短型受体存在于卵巢和睾丸，由于瘦素能抑制胰岛素引起的牛卵巢壁细胞分泌孕酮和雄烯醇酮，能够抑制胰岛素诱导的粒细胞雌二醇和孕酮分泌，因此其可能对卵巢功能有抑制作用。瘦素对胰岛素样生长因子1和促卵泡激素协同引起的雌激素产生也有抑制作用，还能抑制促黄体生成素刺激的雌二醇分泌，说明瘦素的短型受体的主要作用可能是抑制卵巢功能。

4. 瘦素处理对初情期的影响

许多研究表明，瘦素在啮齿类动物初情期的启动中发挥重要作用。有人认为，瘦素的主要作用是将机体的代谢状况以足够启动繁殖功能的信号传递给大脑，但瘦素本身对性腺也可能有直接作用。瘦素可作用于不同水平调节繁殖功能，在大脑，瘦素能调节食欲调节肽（ARP），同时影响促垂体激素（HPTH）如促性腺激素释放激素等的分泌。瘦素受体存在于大脑、垂体和性腺，瘦素的作用也可能受到甾体激素的调节，但这种作用的机制目前还不清楚。

5. 生殖轴系对营养改变的急性反应及瘦素的变化

短期营养不良对动物的繁殖功能具有明显影响。绵羊饲喂羽扇豆 5 天能够刺激促性腺激素分泌，这种作用可能是瘦素刺激促性腺激素释放激素系统所引起。胰岛素能刺激脂肪组织分泌瘦素，但这种反应比较缓慢。摄食后胰岛素浓度的增加在短时间内不能增加瘦素的产生，但在数小时后可引起瘦素浓度增加。瘦素浓度在白天及傍晚一直较高，清晨达到最低，这可能与夜晚没有摄食有关。

6. 影响瘦素分泌的因素

（1）食欲　由于摄食减少可以影响繁殖功能，而且瘦素可使得摄食减少，因此瘦素可能是反应机体代谢状态的信号分子，其部分作用可能是通过在低于影响食欲的浓度下发挥的。

（2）季节　大多数动物的食欲具有明显的季节周期，但对不同季节瘦素的作用及下丘脑的食欲调节肽是否也有明显的季节性变化还不清楚。

（3）甾体激素的影响　甾体激素能够影响下丘脑瘦素的表达，因此对两性繁殖具有明显影响。例如神经肽 Y 的表达在去势的雄性大鼠用睾酮处理后增加，但摘除卵巢的雌性大鼠用雌激素处理后则减少。由于神经肽 Y 是调节食欲的关键因子，因此甾体激素浓度的高低可能对瘦素调节食欲及繁殖均具有重要作用。

（4）动物间的差别　啮齿类动物的体脂很少，短期禁食即对其代谢产生明显影响，可引起其繁殖功能急剧下降。反刍动物能够耐受营养不良，能维持血糖浓度和胰岛素浓度，不引起促性腺激素分泌减少。许多因素（如品种、季节、代谢状态及甾体激素状态）均可能对瘦素的分泌有一定的影响，因此在研究其生理作用时必须予以考虑。

❧❧ 第二节　绵羊初情期的生理学及 ❧❧ 内分泌学特点

　　绵羊的繁殖功能是一个由发生、发展至衰老的过程。生殖活动从胎儿及初生时期已经开始，受环境、中枢神经系统、下丘脑、垂体和性腺之间相互作用的调节。在机体的不断发育过程中，卵子和精子也在不断地发育成熟。绵羊进入初情期后开始获得生育能力。

一、初情期的生理学特点

　　初情期是指母绵羊初次表现发情和排卵而公羊开始出现性反射，并第一次释放出能够使卵子受精的精子的时期。在青年母羊是指能够发生自发性排卵及配种能够受胎的生理过程，在该过程中发生的每种变化都是雌二醇通过正反馈作用，激活促性腺激素出现分泌高峰的结果。绵羊在出生后数周就建立了对雌二醇正反馈作用发生反应的能力，因此其对外源性雌二醇发生反应引起的促黄体生成素释放的幅度在 27 周龄时就与成年羊相同。

　　绵羊在初情期前其生殖器官的生长是比较缓慢的，随着年龄的增长，生殖器官也逐渐增长，性腺达到成熟，当发育到一定年龄和体重时，便进入初情期。

　　公绵羊的初情期是指公绵羊睾丸逐渐具有内分泌功能和生殖功能的时期。从实践上看，最为明显的指标是公绵羊不但表现完全的性行为，而且精液中开始出现具有受精能力的精子。进入初情期的公羊虽然已有生殖能力，但精液中精子的活力和正常精子百分率都不及性成熟的公畜，表现出"初情期不育"现象。

　　母羊生长发育到一定的年龄时开始出现发情和排卵，为母羊的初情期，是性成熟的初级阶段。初情期以前，母羊的生殖道和卵巢增长较慢，卵巢上虽有卵泡发育，但后来闭锁退化，新的卵泡又生长发育又再退化，如此反复直到初情期开始，卵泡才能生长成熟并排卵。达到初情期时，母羊虽已开始具有繁殖能力，但生殖器官尚未充分发育，功能也不完全。第一次发情时，卵巢上虽有卵泡发育和排卵，但因为体内缺乏孕酮，一般不表现发情症状（安静发情）；或者虽有发情表现且有卵泡发育，但不排卵；或者能够排卵，但不受孕，表现为"初情期不孕"。

　　母羊在初情期前，生殖器官的增长速度与其他器官非常相似，但进入初情期后，生殖器官的增长速度明显加快。实验证明，把初情期前动物的性腺（睾丸或卵巢）埋植到成年动物体内后，性腺功能就能迅速发挥作用，另外给初情期前的绵羊注射外源性促性腺激素后，卵巢就能够发生反应而排卵，睾丸就能产生精子。

　　一般说来，公羊的初情期比母羊晚，这主要受遗传（品种）因素的影响。另外，季节、温度、饲养管理条件、个体差异（特别是体重）等因素也可影响初情期出现的时间，但一般是在5～8月龄，在这个时候，公羊可以产生精子，母羊可以产生成熟的卵子，如果此时交配即能受胎。但绵羊达到初情期并不意味着可以配种，因为绵羊刚达到性成熟时，其身体并未达到充分发育的程度。如果这时进行配种，就可能影响它本身和胎儿的生长发育，因此，公、母羔在4月龄断奶时，一定要分群管理，以避免偷配。

二、初情期的内分泌学特点

绵羊发育到初情期，性腺才真正具有了配子生成和内分泌的双重作用。初情期的开始和垂体释放促性腺激素具有密切关系。初情期以前，下丘脑及垂体对性腺类固醇激素的抑制作用（负反馈）极为敏感，性腺产生的少量性腺激素就能抑制促性腺激素释放激素和促性腺激素的释放。随着机体发育，下丘脑对这种反馈性抑制的敏感性逐渐减弱，促性腺激素释放激素脉冲式分泌的频率增加。垂体对下丘脑促性腺激素释放激素的敏感性增强，促性腺激素分泌频率和分泌量也相应地增加，导致卵巢上出现成熟卵泡，并分泌雌激素，母羊出现发情。

在初情期之前抑制促性腺激素分泌的因素中，除性腺激素的负反馈作用之外，还可能存在有与类固醇激素无关的抑制促性腺激素释放激素分泌的因素。松果腺、大脑杏仁核和前脑到下丘脑的扩散抑制路径也相应发生变化。肾上腺类固醇分泌的增加有助于降低激素对垂体负反馈机制的敏感性。

随着初情期的开始，丘脑下部促性腺激素释放激素脉冲式分泌的频率增加，促性腺激素分泌的水平也相应提高，性腺受到的刺激强度增大，并发挥其特有的功能。

1. 促黄体生成素的释放

初情期前羔羊控制促黄体生成素峰值的机制没有功能活动，但随着初情期的到来，这种活动逐渐开始。青年母羊促黄体生成素基础分泌的主要特点是其波动的频率逐渐增加，但促卵泡激素则没有这种变化，说明控制青年母羊促黄体生成素和促卵泡激素分泌的机制可能完全不同。母羊在出生后数周促黄体生成素的基础分泌就增加，例如有些品种的绵羊在出生后 4 周促黄体生成素就出现波动性分泌，所有羊只在 9～11 周龄时都可出现促黄体生成素的波动性分泌，这种波动性分泌使得血液中促黄体生成素的水平超过成年母羊促黄体生成素的基础浓度。

促黄体生成素的波动性分泌引起其波动性释放，发育的青年母羊促黄体生成素波动的频率每小时不足一次。达到初情期时促黄体生成素的波动频率可以达到每小时一次，这可能主要是由于卵巢雌二醇的负反馈作用降低所致。

2. GnRH 神经内分泌系统的性别分化

绵羊在初情期前一个最为重要的内分泌变化是促性腺激素释放激素的分泌增加。绵羊在出生前的发育过程中，促性腺激素释放激素神经分泌系统就有明显的性别差异。在母羔，通常在出生后能够对光周期的变化发生反应而出现促性腺激素释放激素的分泌频率增加；而在公羔，由于分化发育上的差别，其在出生后对光周期的变化不敏感，因此初情期开始时，促性腺激素释放激素的高频释放通常是在生长发育时出现。

3. 内源性类阿片活性肽的调节

内源性类阿片活性肽可能对绵羊初情期促黄体生成素的波动性分泌发挥重要的调节作用。一般来说，内源性类阿片活性肽对生长母羊的促黄体生成素的波动性分泌具有抑制作用，这种抑制作用可能调节母羊对甾体激素负反馈抑制作用的敏感性，因此对促黄体生成素的波动性分泌发挥调节作用。

4. 初情期的内分泌变化

初情期开始时，由于促黄体生成素分泌的波动频率增加到差不多每小时 1 次，因此在初情期开始时的几天内促黄体生成素的基础浓度逐渐增加，导致卵泡发育至排卵前阶段，雌二醇的产生逐渐增加，最后激活促黄体生成素排卵峰释放的机制。

一般认为，由于下丘脑-垂体轴系对雌二醇的负反馈调节作用的反应性明显降低，因此母羊开始进入初情期。研究表明，如果摘除母羊的卵巢则可将促黄体生成素的波动频率增加到每小时 1 次；如果通过每小时注射促黄体生成素的方法产生这种促黄体生成素的波动频率，也可以产生促黄体生成素的排卵峰和排卵。

5. 对雌二醇的超敏感

如果能消除卵巢甾体激素的负反馈抑制作用，则青年母羊的促黄体生成素一般都能产生每小时一次的释放频率，说明卵巢能产生大量的雌二醇，抑制促黄体生成素的分泌。青年母羊初情期的开始和成年母羊繁殖季节的开始十分类似，繁殖季节的开始也是因为下丘脑-垂体轴系对卵巢产生的雌二醇负反馈作用的敏感性降低，因此促黄体生成素的分泌增加。由此可见，对雌二醇负反馈作用的超敏感及其围绕这一调节机制所发生的变化可能是启动绵羊初情期和繁殖季节开始的共同机制。

6. 第一次排卵前发生的主要变化

青年母羊在发育成熟过程中出现第一次促性腺激素排卵峰值之前首先出现的是雌二醇浓度的逐渐增加。初情期前后雌二醇抑制下丘脑-垂体轴系调节促黄体生成素分泌的能力降低，负反馈作用的这种重大变化使得促性腺激素的分泌增加，引起导致初情期第一次排卵的内分泌信号传导。

虽然雌二醇抑制初情期前绵羊促黄体生成素的分泌，但这种抑制作用并非绝对的，促黄体生成素仍然会出现波动性分泌，只是这种波动的频率变化基本为每周一次。初情期之前卵巢和神经内分泌系统之间存在动态关系，促黄体生成素波动频率的变化可能是由于卵巢上卵泡发育和萎缩变化所引起的。

7. 生长激素的作用

母羊在达到初情期时促黄体生成素的分泌频率增加，在正常发育过程中一般在促黄体生成素分泌之前生长激素的分泌降低。生长激素可能是一种代谢调节信号，其从大脑传递信号，影响促黄体生成素的分泌，因此生长激素的下降，可能对初情期的发生具有一定作用。但目前的研究尚不能证实初情期的开始必须要有生长激素的降低。

8. 第一次排卵与黄体

虽然初情期最具特征的变化是第一次表现发情，但此阶段发生的内分泌变化极为复杂。而且有研究发现，母羊可能在表现第一次发情之前已经经过了 2 个卵巢周期，因此由于安静发情而形成的黄体也具有正常的黄体期而发挥作用，但有时也出现短周期。短周期的时间还不到正常发情周期的一半，是由第一次促黄体生成素排卵峰所引起。这种短周期也出现于从非繁殖季节向繁殖季节过渡时。

青年母羊在向初情期过渡时，其必须建立溶黄体机制，如果在此过渡阶段溶黄体机制不健全则可能引起黄体过早溶解及退化。建立这种溶黄体机制时母羊子宫内膜必须要有足够的催产素受体，而孕酮则能诱导催产素刺激前列腺素 F2α 的释放。

🌸 第三节　影响绵羊初情期的因素 🌸

　　绵羊的初情期一般为 5～8 月龄，其表现早晚的原因与绵羊的品种、环境、营养、饲养管理等因素有关。

一、品种

　　遗传因素对初配母羊的繁殖性能有显著影响。Laster 等对 19 组遗传不同的青年母羊的研究表明，纯种的考力代羊的产羔率为 33%，杂种芬兰羊可以达到 100%；兰布莱杂种和芬兰绵羊杂种的繁殖性能比其他品种更好。

　　罗曼诺夫绵羊的排卵率高，达到初情期的年龄也较早。南非的罗曼诺夫杂种表现发情的年龄比卡拉库尔绵羊早；如果在与杜波绵羊的杂交育种中增加罗曼诺夫血液，可以提早杂种羊的初情期，提高排卵率。

二、环境

　　环境因素包括温度、光照、湿度等。一般来说，南方的母羊的初情期较北方的早，热带的羊较寒带或温带的早。早春产的母羔即可在当年秋季发情，而夏秋产的母羔一般到第二年秋季才发情，其差别较大。

　　许多研究表明，有些品种的绵羊其青年母羊在冬末光照长度的变化抑制性活动之前不能出现发情，在产羔季节出生迟的羔羊在其出生后的第一个秋季一般也不能表现发情；夏季生长速度慢的羔羊也多在第二个秋季才表现发情。

　　春季出生的羔羊，夏至之后光照长度的缩短是其出生后第一年秋季开始初情期的重要启动因素。如果羔羊饲养在持续的短光照条件下，初情期至少会延迟半年。光照变化的趋势也十分重要，如果使羔羊接触长光照，之后突然使其接触短光照，可使初情期的开始比接受相反方向的处理更早。羔羊在其胎儿期的早期就存在特异性的褪黑素结合位点，而且胎儿在母体子宫内就能接受母体通过胎盘褪黑素传递的外界光照变化的信息，从而影响其出生之后的神经内分泌功能。

关于温度对羔羊繁殖性能的影响目前进行的研究不是很多，有研究表明，如果在乏情季节末期剪毛，可以提早成年母羊繁殖季节的开始；但秋季剪毛之后则对羔羊初情期的开始没有明显影响。配种前剪毛，可以明显提高青年母羊的受胎率。

三、营养

初情期与羊的体重关系密切，并直接与生殖激素的合成和释放有关。营养良好的母羊体重增长很快，生殖器官生长发育正常，生殖激素的合成与释放不会受阻，因此其初情期表现较早，营养不足则可使初情期延迟。

增加成年羊的体重可以提高其繁殖性能，在青年母羊，由于初情期的发生在很大程度上取决于其生后第一个秋天达到的体重，因此体重对其繁殖性能的影响更加明显。大多数研究表明，青年母羊的繁殖性能随着其体重的增加而增加，而且随着体重的增加，表现发情的青年母羊数量增加。

青年母羊的第一次发情常在体重达到成年体重的70％左右时发生，但也与季节有很大关系。萨福克杂种羔羊10月初达到初情期时的体重为44千克，但12月份时则降低到33千克。

配种前的营养突击并不一定总是能增加青年母羊的排卵率，在此阶段配种时，一般来说以产单羔较好。

四、出生季节

绵羊在发情季节早期受胎比发情季节晚期受胎所产羔羊的初情期要早。因此为了提高绵羊的繁殖效能，必须抓紧繁殖季节早期配种。绵羊所产的春羔，出生后气温逐渐变暖和，因饲料饲草丰富，发育良好，则初情期年龄比冬羔要早。

出生季节明显影响达到初情期的年龄。在正常出生季节以外出生的羔羊，环境因素可以通过延迟对雌激素的反应而延迟初情期，因此其初情期一直要到正常繁殖季节时才开始。

在表现发情并配种的青年母羊，其受胎率要远远比同品种成年羊低很多，其空怀率常达 $20\% \sim 40\%$。出生后第一年没有达到初情期的青年母羊安静发情的比例很高。

随着羔羊在配种时年龄的增加，配种后的受胎率及产羔率均显著增加。但出生日期对此有显著影响，例如 1 月到 4 月初出生的羔羊，年龄对繁殖性能没有明显影响，其在繁殖季节开始时的体重也极为相近。

五、公羊的影响

"公羊效应"对初情期的影响还不是很清楚，如果羔羊在从初情期前过渡到初情期时突然引入公羊可使其第一次发情高度同期化。如果 10 月初在青年母羊群中引入公羊，可使其发情提前 2 周（与 10 月底引入公羊比较）。引入公羊后青年母羊促黄体生成素分泌的频率显著增加。

六、母羊的生育力

与成年母羊相比，青年母羊的生育力一般较低，而且差别很大。与成年母羊不同的是，青年母羊如果配种没有受胎，常不能返情，因此繁殖性能低下。青年母羊的这种生育力低下在采用控制繁殖技术和自然配种时都会出现。

1. 不育的原因

发情而不排卵（不排卵发情）虽然在成年羊较为少见，但在青年母羊正常情况及激素处理时都较常出现。青年母羊生育力低下的原因可能并非由于排卵与发情行为不一致所致，因为青年母羊的发情期持续 30 小时左右，排卵大多数发生在接近发情结束时，这与成年母羊相同。

2. 受精率

虽然初配母羊对公羊的行为反应可能是其受精失败的原因之一，但有时受精失败可能是输精失误所造成。但一般认为，受精失败并非初配母羊和成年母羊受胎率及怀孕率出现很大差别的主要原因。有人认为，精子在雌性生殖系统的转运可能是青年母羊生育力低下的主要原因之一。有研究表明，青年母羊在第 1～3 次发情配种时，精子需要 2 小时以上的时间才能到达输卵管，因此与成年羊相比，其受胎率较低。但也有研究表明，精子在生殖道的转运及精子在生殖道的分布可能并不是影响初配母羊生育力的最主要的因素。

3. 胚胎死亡率

如果青年母羊的受精率高但产羔率低，则主要原因可能是胚胎死亡率高，这在青年母羊的不育中占主要地位。虽然对引起胚胎死亡的原因尚不清楚，但主要原因可能是由胚胎

而并非子宫环境造成的。胚胎移植的研究表明，青年母羊和成年母羊的子宫均能支持胚胎的发育。

光照周期对青年母羊胚胎存活也有明显的影响，青年母羊接触长日照时，胚胎的活力和生长速度降低。

4. 雌激素的影响

虽然发情周期的主要特点在青年母羊和成年母羊十分相似，但有研究表明，其排卵前卵泡产生的雌激素的分泌范型不同，因此可能与青年母羊的生育力较低有关。

第四节　绵羊初情期的诱导技术

如果要提高绵羊的生产性能，对其及早进行配种是十分重要的，这种技术在生产实际中也具有重要意义。初情期以前，母羊的生殖道和卵巢增长较慢，不表现性活动。初情期以后，随着第一次发情和排卵，生殖器官的大小和重量迅速增长，性功能也随之发育。各种品种的绵羊都有其特定的初情期和性成熟的年龄和体重，在自然情况下，母羊初情期前卵巢上的卵泡虽能够发育至一定阶段，但不能至成熟，可能是垂体功能尚未健全，不能分泌足够量的促性腺激素刺激卵巢活动。但试验表明，性未成熟母羊的卵巢已经具备了受适量促性腺激素刺激后，其卵泡即能发育至成熟的潜力，但临床上不一定出现性成熟动物所表现的发情现象。

一、诱导初情期的基本原理

母羊卵巢上卵泡的发育与退化，从出生至生殖能力衰失，从未停止。而初情期前卵泡不能发育至成熟，可能是下丘脑-垂体-性腺反馈轴尚未发育成熟，但垂体已具备对促性腺激素释放激素反应的能力，性腺已能对一定量的促性腺激素甚至促性腺激素释放激素产生反应，促使卵泡发育并达到成熟阶段。只是此时动物的垂体未能分泌足够的促卵泡激素和促黄体生成素及适当的促黄体生成素脉冲。因此，给予一定量的外源促卵泡激素和促黄体生成素及其类似物，可达到调控性未成熟母羊初情期的目的。

二、调控初情期的方法

调控初情期，诱发青年母羊发情和排卵的方法与诱发绵羊发情和超数排卵的方法类似，只是用药剂量减少至30%～70%，同时在操作上，依动物的发育阶段、体重和目的是超排或仅诱发发情而定。调控青年母羊发情时，因其卵巢上无黄体，不必考虑其发情周期的阶段，任何时候都可以用促性腺激素进行处理。

母羊达到性成熟年龄和体重后，在生产中仍有很大一部分无发情周期，此时仍可以用上述方法对此类母羊的发情周期进行调控。

1. 孕马血清促性腺激素与阴道内海绵合用

处理初配母羊时，由于尚不清楚其是否已经到达初情期，因此最好孕激素与孕马血清促性腺激素合用。阴道内孕激素处理与孕马血清促性腺激素合用时，90%的青年母羊能够在撤出海绵后2～3天内发情。撤出海绵与发情开始的间隔时间在青年母羊比成年羊长，但发情期基本相同。有些初配母羊会出现排卵而不发情或发情而不排卵的情况。在孕激素-

孕马血清促性腺激素处理中也可通过引入公羊代替孕马血清促性腺激素处理，这是一种廉价而有效的诱导发情方法，采用定时人工授精时（处理后 52 小时输精），受胎率较高。

使初配母羊在其出生后的第一个秋季接受公羊配种并不是提早产羔的唯一方法，采用孕激素-孕马血清促性腺激素处理可使母羊在其 1 岁时的春季配种，而在 1 岁时的夏末或秋初产羔，这样青年母羊在第一次产羔时已有足够的年龄。

2. 光照与褪黑素处理

在绵羊中，有对 1 岁青年母羊在繁殖季节的早期用光照进行处理以便尽早进行配种的试验。美国的研究表明，如果通过控制使青年母羊在秋季产羔，则怀孕率一般都比较低，但如果从 12 月份到次年 2 月份延长每天的光照时间进行处理，发现在此阶段每天光照 18 小时可以明显提高处理羊只 4～5 月份配种后的产羔率，因此具有生产实际意义。

对秋季繁殖季节之前采用短时间（30 天）或长时间（60 天）注射褪黑素的效果进行的研究表明，褪黑素对繁殖性能没有明显影响。

第五节　早繁绵羊的管理技术

一、适时配种，提高受配率

发情调控处理的母羊，必须要保持较好的体况和膘情，否则会影响处理母羊的受胎率。当母羊体重达到成年母羊体重的 60%～65% 以上，出生 7 月龄以上时，才可以利用生殖激素处理，使母羊成功繁殖。在进行发情调控，对母羊诱导发情时，必须坚持三个情期的正常配种。同时重视公羊的生殖保健处理，保证公羊的配种能力，从而保持较高的受胎率。

　　绵羊的繁殖受体重、年龄、饲养管理条件及营养水平等多种因素的影响。营养通过对动物体细胞、性器官、内外分泌功能和胎儿发育等繁殖功能的影响而发挥作用。营养严重不足时，将影响母畜的排卵、胎儿的发育，可引起胚胎的早期死亡、流产或分娩出弱小羔羊。由于母羊是羊群的主体，是绵羊生产性能的主要体现者，量多群大，同时兼具繁殖后代和实现羊群生产性能的重任，只有满足其营养要求才能提高繁殖性能。在配种前搞好放牧抓膘和补饲，实行满膘配种，是提高母羊产羔率的重要措施。孕前补饲是指在配种前一个多月左右对母绵羊补充适量的精料。许多资料报道，孕前补饲可使母羊卵母细胞发育加快，排卵增多，而且使其发情集中，产羔也集中，相应能提高产羔率。

二、加强母羊妊娠期管理

　　母羊担负着配种、妊娠、哺乳等繁重任务，应给予良好的饲养，对初情期提前、配种妊娠的后备母羊更应如此，以保证多胎、多产、多活、多壮。在母羊怀孕前 3 个月的妊娠早期，胎儿发育较慢，所增重量仅占羔羊初生重的 10%，可以维持空怀时的饲料量，在青草季节的优质草场放牧，可以不补饲。在枯草期，放牧吃不饱时，可喂氨化秸秆和野干草，可按空怀期补料量的 30%～50% 投喂混合精料。在管理上要避免羊吃霜冻草和霉变饲料，不饮冰水和脏水，不让羊群受惊猛跑，不走窄道险途，不让公羊追逐爬跨，以防止早期隐性流产。

　　在母羊怀孕最后 2 个月的妊娠后期，胎儿在母体内生长迅速，胎儿重量的 90％是在这一时期增长的，因此，母羊对营养物质的需要明显增加，怀孕母羊和胎儿共增重 8～10 千克，此期应当供给充足的营养，代谢水平一般应提高 15％～20％，钙、磷含量应增加 40％～50％，并有足够的维生素摄入。对妊娠后期母羊饲养要做到量质并举，量足质优。除放牧外，每天可补喂干草 1.0～1.5 千克，青贮饲料 1.5 千克，混合精料 0.5～0.7 千克，并根据日粮组成情况，适量供给矿物质和维生素。

怀孕后期母羊管理，重点应放在保胎上，放牧不要过远过劳，应控制羊群行进速度，入舍时不要拥挤，防止快跑和跨越沟坎；不喂霉烂饲料，不饮冰水、脏水；产前 3 周单圈关养，产前 1 周多喂多汁饲料，减少精料喂量；加强看护，做好接羔准备工作。

三、做好母羊接产和助产

早繁绵羊的难产比例高，必须做好母羊接产和助产工作。

绵羊最常见的是胎位异常、双胎及三胎引起的难产。绵羊难产中胎儿与母体骨盆大小不适较为常见，但发病率在品种之间差别很大，初产绵羊及产公羔时发病率一般都较高。

胎位异常引起的难产在绵羊最常发生，其中肩部前置和肘关节屈曲发生的难产占绝大多数，其次为腕关节屈曲、坐生、头颈侧弯，但在单侧性肩关节屈曲时，如果肘关节伸直则常能顺产。

绵羊的双胎及多胎引起的难产发病率较高，而且可伴发胎位、胎向及胎势异常，但胎儿与母体骨盆大小不适的发病率较低。

因此，要对分娩过程加强监视，必要时要稍加帮助，以减少母羊的体力消耗，反常时则需要及早助产，以免母仔受到危害。应该特别指出的是，一定要根据具体情况进行接产，不要过早、过多地进行干预。

四、推广人工哺乳技术

人工哺乳，又称人工育羔，母羊死亡或消瘦或"缺奶"或多羔等情况下母乳不足、羔羊早期断奶（出生后 21～42 天）和超早期断奶（出生后 1～3 天）时都可采用人工哺乳技术。目前已在生产中得到广泛应用。其技术要求如下。

（1）羔羊必须在吃过初乳后喂代乳品。若母羊已死亡，可挤下其他母羊或母牛初乳哺喂，在 12～18 小时内分三次喂给。应注意，其他牛、羊初乳应冷藏妥当，临用前在室温下回温，切忌加热，破坏抗体。

（2）喂奶时，用清洁啤酒瓶套上婴儿奶嘴，固定在板壁上，让羔羊自行吮奶。

（3）奶温以 37℃为宜，人工哺乳羔羊房舍室温以 20℃为宜，但新生羔羊可提高到 28℃。

（4）人工哺乳羔羊 7～14 天后开始补料和饮水，到 30～35 天羔羊已具有消化固体饲料的能力。此时补料的配方为：玉米 5～6 份，油渣 3～4 份和麸皮 1 份，每 10 千克料加土霉素 0.5 克；干草另加，或吊挂干草束，或按给料量的 20％拌进优质苜蓿草粉。

（5）当羔羊习惯采食固体饲料和青草时，可以停喂代乳品或减少哺乳奶量。此时，因摄入营养减少，羔羊多半会出现 7～10 天生长停滞期，为此应设法不变更原圈、原槽、原补饲方式和类型，以减少应激。

参考文献

[1] 毕浩磊，曹守忠，马友记．"永昌甘农"肉羊新品种群妊娠母羊外周血液雌二醇和孕酮变化规律的研究［J］．甘肃农业大学学报，2014，49（01）：21-25.

[2] 李讨讨，王霞，马友记，等．藏绵羊 BOLL 的分子特征及其在睾丸中的表达调控与功能分析［J］．中国农业科学，2020，53（20）：4297-4312.

[3] 李发弟，马友记．肉羊养殖技术［M］．兰州：甘肃科学技术出版社，2017.

[4] 马友记．绵羊高效繁殖理论与实践［M］．兰州：甘肃科学技术出版社，2013.

[5] 马友记．北方养羊新技术［M］．北京：化学工业出版社，2016.

[6] 马友记，张勇，李发弟，等．褪黑素对体外培养绵羊垂体细胞分泌 FSH 和 LH 的影响［J］．家畜生态学报，2005（03）：17-20.

[7] 南景东，陈国旺，张建胜，等．绵羊多胎基因研究现状［J］．现代畜牧兽医，2022，51（11）：75-78.

[8] 桑润滋．牛羊繁殖控制十大技术［M］．北京：中国农业出版社，2009.

[9] 桑润滋．动物高效繁殖理论与实践［M］．北京：中国农业出版社，2011.

[10] 吴翠玲，赵卓，赵云辉，等．母羊多胎基因研究进展［J］．黑龙江畜牧兽医，2018，48（11）：68-71.

[11] 吴海凤，李发弟，常卫华，等．羔羊超数排卵及体外受精技术研究［J］．甘肃农业大学学报，2011，46（06）：1-5＋16.

[12] 王锋．动物繁殖学［M］．2 版．北京：中国农业大学出版社，2022.

[13] 杨利国．动物繁殖学［M］．2 版．北京：中国农业出版社，2018.

[14] 朱士恩．动物生殖生理学［M］．北京：中国农业出版社，2006.

[15] 朱士恩．家畜繁殖学［M］．6 版．北京：中国农业出版社，2015.

[16] 张勇，朱家桥，李发弟，等．绵羊松果体及生殖轴系褪黑素受体 MT1 的克隆［J］．中国兽医学报，2009，29（11）：1495-1499.

[17] 赵兴绪．羊的繁殖调控［M］．北京：中国农业出版社，2008.

[18] 赵兴绪．兽医产科学［M］．5 版．北京：中国农业出版社，2017.

[19] 赵有璋．中国养羊学［M］．北京：中国农业出版社，2013.

[20] 赵有璋．羊生产学［M］．3 版．北京：中国农业出版社，2011.